生理学实训指导

主　编　彭丽花
副主编　罗小玲　马　玲　钟　铁　吴起清
编　委　(按姓氏笔画排序)
马　玲　吴起清　罗小玲　罗江南
欧　瑜　钟　铁　彭丽花

前　言

在国内生理实验指导好书如林的今天，我们为什么还要编写一本新的实验指导呢？我们编写本书的动机是来自一个愿望，即希望提供一本真正切合高职高专学生使用的实训指导，真正体现“必需、实用、够用”的原则，促进学生对生理学基本理论、基本知识及基本技能的理解、熟悉与掌握。

随着近年医学类高职院校课程改革，基础课被不同程度压缩，生理学理论和实验课亦被缩减。在有限的实验课时内，如何朝着操作性强、实用性强的方向，力求达到最佳的教学效果，一直是摆在生理教学工作者面前的一个课题。考虑到今后岗位的需求，为了加强对学生智能和技能的培养，本书在实验项目的安排上，选取了35个生理学实验，分动物实验、人体实验、设计探索性实验三部分，可根据不同专业层次的教学需要及实验条件选择；在内容安排上，为方便学生课前预习，实训指导增加了知识点链接，列出了与实验项目有关的相关理论知识点。本书的一大特色是将实训指导与学生实验报告进行合并，即学生直接将实验的结果和结果分析、结论写在实训指导上，旨在为学生理清思路，帮助学生及时正确书写实验报告，并增加学生书写实验体会项目，以利其动手操作后及时总结，加深印象。

本书是我们在生理学实验教学改革中的一次新的尝试，改革的灵感来自于多年高职生理学一线教学经验的积累，也许还有许多不成熟的地方，加之水平有限，时间仓促，不足之处在所难免，恳请读者在使用过程中不吝批评指正，以便再版时修正和提高！

彭丽花

2013年7月于永州

目 录

第一章 绪 言

一、生理学实验的基本类型

生理学是研究正常机体生命活动规律的科学，系统的生理学知识多来自于对实验现象的科学总结，生理学实验是在人工控制条件的情况下，对实验对象的生命活动及其影响因素进行观察、记录，然后从实验结果中分析、推理出生命活动发生的原因和机制。因而生理学实验课是生理学理论知识的源泉，也是医学生学习和认识人体生命活动规律不可缺少的教学环节。

生理学实验有很多种类，根据实验对象的不同可将其分为人体实验和动物实验两大类。

1. 人体实验

人体实验是研究和阐述人体功能活动规律的捷径。由于实验会对机体造成不同程度的损伤，因此，直接在人体上进行的实验是有限的。只有在不损害人体健康和不增加痛苦的前提下才能进行人体实验，如测定人体血压、心率、心电、脑电、肺通气功能、体温、视力等，并观察它们在不同条件下的变化。近年来，无损伤检测技术已经越来越多地应用于人体功能的检测，从而为探索人体活动生命规律的奥秘、拓展生理学研究途径开辟了更为广阔的前景。

2. 动物实验

生理学实验多以动物为实验对象，通过观察实验动物生命的现象、过程、规律、机制、影响因素等，借以促进对人体生理知识的认识、理解。通常将生理学研究中的动物实验分为慢性实验和急性实验两大类。

(1)急性实验：在较短的时间内完成。一般是在麻醉情况下对动物施行手术，将某一器官暴露或取出，在一定的条件下对其功能活动进行观察。急性实验用时短，教学实验多为此类实验。

(2)慢性实验：此类实验研究对象的状况比较接近正常情况，能够进行较长时间的连续观察，获得比较系统的实验资料，但往往需较长时间。

二、生理学实验的目的

(1)通过实验使学生验证和巩固生理学的某些基本概念和基本理论，提高并加深学生对理论知识的理解。

(2)通过实验使学生初步掌握生理学实验的基本操作技术，熟悉常用实验仪器的使用方法，培养学生的动手能力。

(3)通过实验培养学生观察、分析、综合问题和独立解决问题的能力。

(4)通过实验报告的书写，使学生掌握科学文体的基本格式、培养学生书面表达能力。

(5)通过实验培养学生树立严谨的科学态度和实事求是的科学作风，通过配合完成实验培养学生团队精神。

三、生理学实验课的教学要求

1. 实验前

(1)仔细阅读实验指导，了解实验的目的、要求、操作方法及其实验操作重点，领会实验原理。

(2)结合实验内容，复习有关理论，做到充分理解，力求提高实验课的学习效果。

(3)尽可能预测实验各个步骤应得的结果，注意和估计实验中可能发生的误差，以便及时纠正操作上的错误。并用学过的理论知识解释实验结果。

(4)根据观察指标，设计记录实验数据的表格。

(5) 备齐实验物品。

2. 实验时

(1)遵守课堂纪律和实验室守则，按规定着装，根据老师要求编组，服从老师指导，严格遵守操作规程。

(2)清点所用器材和药品，检查仪器的功能，并正确调试仪器，按实验步骤操作，准确计算给药量。

(3)认真听取指导老师的讲解，注意观察示教操作；统一规范，积极动手，密切配合，正确操作，按操作规程正确使用实验器材，注意安全，爱护实验动物，节约消耗性实验器材。

(4)对于实验条件受限，只能由老师示教的实验项目，学生虽然没有直接参与实验操作，但同样也要认真对待，仔细观察，积极思考。

(5)仔细观察实验过程中出现的现象，要随时作好原始记录并结合所学理论判断实验结果。

3. 实验后

(1)整理实验器材：所用器材擦洗干净，并按实验前的布置整理安放好，组长清点后交老师验收，如有损失及时如实汇报；将存活或处死的动物分置于指定场所。

(2)整理实验室：值日同学负责清洁实验台面及实验室，关好门、窗、水、电，倒掉垃圾。

(3)整理实验结果：认真整理实验记录，作出实验结论，认真填写实验报告，做到文字简练、通顺，书写清楚，客观地填写和叙述实验结果与分析，按时交给实验老师评阅。

四、生理学实验室守则

(1)遵守学校纪律，准时到达实验室并穿好实验工作服。

(2)实验时应严肃认真，不得进行任何与实验无关的活动，保持实验室安静。

(3)参加实验者应熟悉仪器和设备的性能及操作要求，而后动手使用。如遇仪器和设备故障或损坏，应立即报告指导老师，以便及时维修或更换，千万不可擅自拆修或调换。实验用的动物按组分发，如需补充使用，需经老师同意才能补领。

(4)各实验小组的实验仪器和器材各自保管使用，不得随意与他组调换挪用；如需补发增添时，应向指导老师提出，经同意后方能补领。每次实验后应清点实验器材用品。

(5)爱惜公用财物，爱护实验动物，注意节约各种实验器材和用品。

(6)保持实验室清洁整齐，除实验指导、相应的专业课教材及原始记录纸外，不必要的物品不要带进实验室。实验完毕后，应将实验器材、用品和实验桌凳收拾干净；实验动物的尸体及废物应放到指定的地点，不得随地乱丢。实验室的清洁卫生工作应由各实验小组轮流负责打扫，并最后注意关好水、电、门窗等，经指导老师检查后，方可离开实验室。

五、生理学实验报告的书写

实验课时或实验课后，学生应按教师的要求，按时完成实验报告。实验报告格式：

(1)试验者姓名、班次、组别、日期。

(2)实验序号与题目。

(3)实验目的。

(4)实验步骤：一般不必详尽描述，如有实验仪器与方法临时变动，或因操作技术影响观察的可靠性时，可作简要说明。

(5)实验结果：是实验中最重要的部分。应将实验过程中观察到的现象，实事求是地记述。记述方式可包括为三种：①文字描述，②曲线图，③表格(采用三线表)。可把由记录系统描记的曲线、统计的数据直接贴在实验报告上，或自己绘制简图，并附以图注、标号及必要的文字说明。如果观察项目较多，也可分步骤写实验结果。

(6)讨论和结论：实验结果的讨论是根据结果和现象用已知的理论和知识进行的解释和推理分析。要判断实验结果是否为预期的，如果出现非预期结果，应该再考虑和分析其可能原因。实验结论是从实验结果中归纳出一般的、概括性的判断，也就是这一实验所能验证的概念、原则或理论的简明总结。结论中一般不要罗列具体的结果。在实验中未能得到充分证据的理论分析不应写入结论。

本实训指导的一大特色是将实验指导与学生实验报告进行格式合并，即学生直接将实验的结果和结果分析、结论写在实训指导上，旨在为高职高专学生理清思路，及时正确书写实验报告，并增加学生书写实验体会项目，以利学生动手操作后及时总结，加深印象。学生书写以上项目时应注意文字简练、通畅，书写整洁、清楚，正确使用标点符号。特别是实验的结论和讨论的书写是富有创造性的工作，应该严肃认真，不应盲目抄袭书本，严禁抄袭他人报告。

六、生理学实验教学的内容及目标

第一章 绪言

一、生理学实验的基本类型 …………………………………………………… 了解

二、实验学实验的目的 ………………………………………………………… 掌握

三、生理学实验的要求 ………………………………………………………… 熟悉

四、生理学实验室守则 ………………………………………………………… 掌握

五、生理学实验报告的书写 …………………………………………………… 掌握

六、生理实验教学目标与要求 ………………………………………………… 熟悉

第二章 常用的仪器和器械

一、BL－420 生物功能实验系统 ……………………………………………… 熟悉

二、电刺激器具 ………………………………………………………………… 熟悉

三、换能器 ……………………………………………………………………… 熟悉

四、常用手术器械 ……………………………………………………………… 熟悉

第三章 动物实验的基本操作技术

一、常用实验动物的选择 ……………………………………………………… 掌握

二、常用实验动物的捉持与固定方法 ………………………………………… 掌握

三、实验动物的给药方法 ……………………………………………………… 熟悉

四、实验动物取血法 …………………………………………………………… 熟悉

五、实验动物的麻醉 …………………………………………………………… 掌握

六、急性动物实验常用手术方法 ……………………………………………… 掌握

七、实验动物的急救 …………………………………………………………… 熟悉

八、实验动物的处死方法 ……………………………………………………… 熟悉

第四章 生理学常用药品及溶液 ……………………………………………… 熟悉

第五章 实验

第一节 动物实验

实验一 坐骨神经－腓肠肌标本的制备 …………………………………… 独立操作

实验二 刺激与反应 ………………………………………………………… 独立操作

实验三 神经干动作电位的引导 …………………………… 示教，小组合作操作

实验四 反射弧分析 ………………………………………………………… 独立操作

实验五 影响血液凝固的因素 ……………………………………………… 独立操作

实验六 红细胞沉降率测定 ………………………………… 示教，小组合作操作

实验七 红细胞渗透脆性实验 ……………………………… 示教，小组合作操作

实验八　出血时间与凝血时间的测定 …………………………… 示教，小组合作操作
实验九　离体蛙心灌流 ……………………………………………… 示教，小组合作操作
实验十　期前收缩与代偿间隙 ……………………………………… 示教，小组合作操作
实验十一　心输出量的影响因素 …………………………………… 示教，小组合作操作
实验十二　哺乳动物动脉血压的调节 ……………………………… 示教，小组合作操作
实验十三　微循环观察及药物对微循环的影响 …………………… 示教，小组合作操作
实验十四　呼吸运动的调节 ………………………………………… 示教，小组合作操作
实验十五　胃肠运动的观察 …………………………………………………………… 示教
实验十六　影响尿生成的因素 ……………………………………… 示教，小组合作操作
实验十七　一侧迷路破坏的效应 …………………………………… 示教，小组合作操作
实验十八　破坏一侧小脑动物的观察 ……………………………… 示教，小组合作操作
实验十九　去大脑僵直 ………………………………………………………………… 示教
实验二十　大脑皮质运动机能定位 …………………………………………………… 示教
实验二十一　胰岛素低血糖效应 …………………………………… 示教，小组合作操作
第二节　人体实验
实验二十二　ABO 血型鉴定 …………………………………………………… 独立操作
实验二十三　人体心音听诊 …………………………………………………… 独立操作
实验二十四　人体动脉血压的测量 …………………………………………… 独立操作
实验二十五　人体心电图描记 ……………………………………… 示教，小组合作操作
实验二十六　肺活量的测定 …………………………………………………… 独立操作
实验二十七　人体体温测量 …………………………………………………… 独立操作
实验二十八　瞳孔对光反射和近反射 ………………………………………… 独立操作
实验二十九　视力测定 ………………………………………………………… 独立操作
实验三十　色盲检查 …………………………………………………………… 独立操作
实验三十一　视野的测定 …………………………………………… 示教，小组合作操作
实验三十二　声音传导途径 ………………………………………… 示教，小组合作操作
实验三十三　人体腱反射的检查 …………………………………… 示教，小组合作操作
第三节　设计探索性实验
实验三十四　减压神经放电与动脉血压神经调节的机制分析 … 示教，小组合作操作
实验三十五　肺泡表面张力在肺弹性阻力中作用的分析 ……… 示教，小组合作操作

（彭丽花　罗小玲）

第二章　常用的仪器和器械

一、BL－420 生物功能实验系统

BL－420 生物功能实验系统是配置在微机上的四通道生物信号采集、放大、显示、记录与处理系统。它由以下三个主要部分构成，参见图 2－1。

图 2－1　BL－420 生物功能实验系统图

(1) IBM 兼容微机；

(2) BL－420 系统硬件；

(3) BL－420E＋生物信号显示与处理软件。

[其中(2)(3)两部分的全部版权归成都泰盟科技有限公司所有]

BL－420 系统硬件是一台程序可控的，带四通道生物信号采集与放大功能，并集成高精度、高可靠性以及宽适应范围的程控刺激器于一体的设备。BL－420E＋生物信号显示与处理软件利用微机强大的图形显示与数据处理功能，可同时显示四道从生物体内或离体器官中探测到的生物电信号或张力、压力等生物非电信号的波形，并可对实验数据进行存储、分析及打印。

该系统可进行生理、药理、毒理和病理等实验，并可完成实验数据的分析及打印工作，

它完全替代了原有利用分离的放大器、示波器、记录仪、刺激器等仪器所构成的烦琐而性能低下的生物信号观测系统，功能更加强大与灵活，已经在全国大、中专医学院校，科研单位得到广泛应用。

（一）主界面

使用前必须首先熟悉该系统的主界面及主界面上各个部分的用途。BL－420 生物功能实验系统主界面如图 2－2。

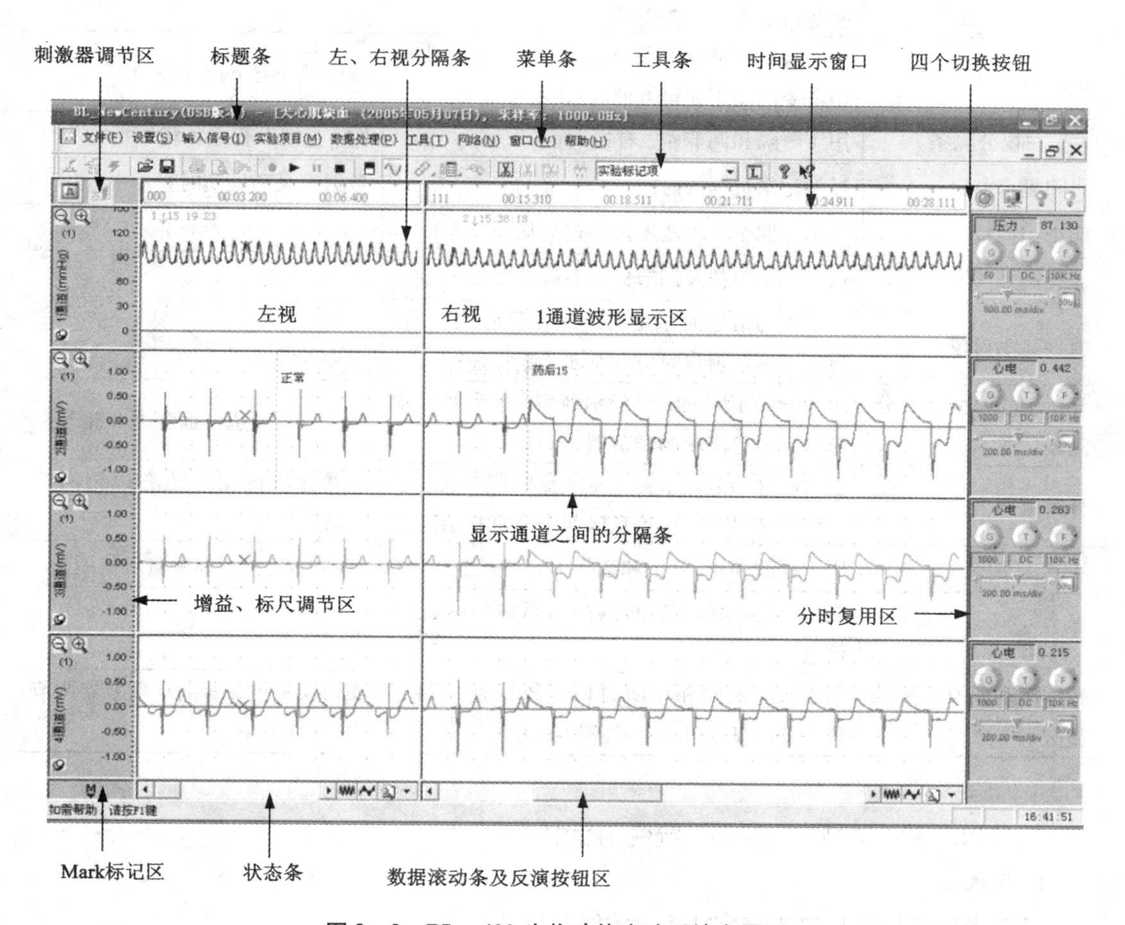

图 2－2　BL－420 生物功能实验系统主界面

主界面从上到下依次主要分为：标题条、菜单条、工具条、波形显示窗口、数据滚动条及反演按钮区、状态条等 6 个部分；从左到右主要分为：标尺调节区、波形显示窗口和分时复用区三个部分。在标尺调节区的上方是刺激器调节区，其下方则是 Mark 标记区。分时复用区包括：控制参数调节区、显示参数调节区、通用信息显示区和专用信息显示区四个分区，它们分时占用屏幕右边相同的一块显示区域，可以通过分时复用区顶端的 4 个切换按钮在这 4 个不同用途的区域之间进行切换。

BL－420E＋软件主界面上各部分功能清单请参见表 2－1。

表2-1 BL-420E+软件主界面上各部分功能清单

名称	功能	备注
刺激器调节区	调节刺激器参数及启动、停止刺激	包括两个按钮
标题条	显示软件名称及实验标题等相关信息	
菜单条	显示软件中所有的顶层菜单项，您可以选择其中的某一菜单项以弹出其子菜单。最底层的菜单项代表一条命令	菜单条中一共有9个顶层菜单项
工具条	一些最常用命令的图形表示集合，它们使常用命令的使用变得方便与直观	其中包含有下拉式按钮
左、右视分隔条	用于分隔和调节左、右视大小	左、右视面积之和相等
时间显示窗口	显示记录数据的时间	数据记录和反演时显示
四个切换按钮	用于在四个分时复用区中进行切换	
标尺调节区	选择标尺单位及调节标尺基线位置等	
波形显示窗口	显示生物信号的原始波形或处理后的波形，每一个显示窗口对应一个实验采样通道	
显示通道之间的分隔条	用于分隔不同的波形显示通道，也是调节波形显示通道高度的调节器	四个显示通道的面积之和相等
分时复用区	包含硬件参数调节区、显示参数调节区、通用信息区以及专用信息区四个分时复用区域	这些区域占据屏幕右边相同的区域
Mark 标记区	用于存放 Mark 标记和选择 Mark 标记	Mark 标记在光标测量时使用
状态条	显示当前系统命令的执行状态或一些提示信息	
数据滚动条及反演按钮区	用于实时实验和反演时快速数据查找和定位，同时调节四个通道的扫描速度	实时实验中显示简单刺激器调节参数(右视)

(二)BL-420 生物功能实验系统使用步骤

1.开机

只有当计算机各接口连接完毕后，才能开机。

2.进入主界面

待进入“BL-420 生物功能实验系统”后，鼠标双击左键“BL-420”图标，显示主界面。

3.选择实验项目

将鼠标拖至主界面上方菜单条的“实验项目”并单击左键，打开实验项目下拉式菜单，选择实验的系统，再选定具体实验题目。

4.调节屏幕显示方式

根据实验要求选择单通道全屏显示或多通道同时显示。如要以全屏方式显示某通道信号，只需用鼠标左键双击该通道任何一部位，即完成单通道的全屏显示。如要恢复原来的通道显示，同样鼠标左键双击全屏显示的任一部位。用鼠标可随意拖动每个通道间的横分隔条以调节通道的大小。

5. 调节波形显示的参数

根据被观察信号的大小及波形特点，调节该通道的增益、滤波及扫描速度，它们的控制旋钮都位于波形显示窗口的右侧，具体操作如下：

(1)增益，即信号波形的放大倍数：将鼠标移动到增益控制旋钮(G)上，单击鼠标左键可使信号波形幅度增大，相反单击鼠标右键则可使信号波形幅度变小。

(2)高频滤波：作用是衰减高频噪音而让低频信号通过。位于增益控制旋钮的右侧，将鼠标移动到高频滤波控制旋钮(F)上，单击鼠标左键可使滤波频率增高；相反单击鼠标右键则可使滤波频率降低。

(3)时间常数(低频滤波)：作用是衰减低频噪音而让高频信号通过。将鼠标移动到时间常数控制旋钮(T)上，单击鼠标左键可使滤波频率增高；相反单击鼠标右键则可使滤波频率降低。

(4)扫描速度调节：将鼠标移动到所调通道的扫描速度调节区位置，在绿色柱的右边单击鼠标一次，扫描速度增快一档；而在黄色柱的左边单击鼠标一次，扫描速度减慢一档；此时该通道扫描速度显示也将同时改变。

6. 调节刺激参数

一般情况下，刺激器的参数调节面板以最小化隐藏。当需要调节刺激参数时，用鼠标单击显示窗口左侧的刺激器调节区内“打开刺激器调节对话框”按钮，这时刺激器的参数调节面板将展开在主界面的左方。可根据实验需要调节，调节方法为，用鼠标单击某项参数右边的两个上、下箭头为粗调，下边的两个左、右箭头为细调。根据实验的要求，可选择下列项目：

(1)刺激方式：有粗电压、细电压、粗电流、细电流等；

(2)刺激形式：单刺激、双刺激、串刺激等；

(3)刺激强度；

(4)刺激波宽；

(5)刺激频率(或刺激间隔)。

7. 施行刺激

实验中当需要给标本刺激时，用鼠标单击工具条中的“启动刺激”按钮；需停止刺激时，用鼠标再一次单击该按钮。

8. 作刺激标记

在进行实验时常需记录刺激标记，从屏幕的右下角点击“实验标记项”，进入特殊实验标记选择区，选择实验项目名称点击选定后，在屏幕上合适的地方点击一次，即可打上相应的刺激标记。

9. 结束实验

当实验完成需要结束的时候，用鼠标单击工具条上的“实验停止命令”键■，此时会弹出一个存盘对话框，提示你给刚才记录的实验数据输入文件名（文件名自定），点击“保存”。如没输入文件名，计算机将以“Temp. dat”作为该实验数据的文件名，并覆盖前一次相同文件名的数据。

10. 实验结果处理

（1）图形反演及选择：实验结果处理须先将存盘记录保存的图形重新播放（即反演）以供处理。

用鼠标单击菜单条上的“文件”项，显示“打开”对话窗口。在文件名表框中找出所需文件并单击，即可打开该文件，用鼠标拖动屏幕下方的滚动条进行查找。主界面的右下角设置有“波形横向展宽”按钮和“波形横向压缩”按钮，在反演时，可根据实验的要求，将记录波形进行展宽或压缩，以便在一幅图上获得较理想的曲线。

（2）图形剪辑

① 在实时实验过程或数据反演中，按下“暂停”按钮使实验处于暂停状态，按下“图形剪辑（右上方剪刀形标记）”按钮使系统处于图形剪辑状态。

② 对有意义的一段波形进行区域选择，用鼠标选定并按住左键拖动鼠标选择，剪辑区域此时被选定区域变黑，松开左键即可进入剪辑页（剪辑窗口）。

③ 当进行了区域选择以后，图形剪辑窗口出现，上一次选择的图形将自动粘贴进入到图形剪辑窗口中。

④ 选择图形剪辑窗口右边工具条上的退出按钮，退出图形剪辑窗口。

⑤ 重复上述步骤，剪辑其他波形段的图形，然后拼接成一幅整体图形，此时可以打印或存盘。

（3）输入实验组号及实验人员名单：实验完成，需要在实验结果上打印实验组号及实验人员名单。输入方法为：用鼠标单击菜单条上的“编辑”项，弹出菜单，选择“实验人员名单编辑”项并单击，屏幕上将显示“实验人员及实验组号”输入对话框，用键盘输入实验人员名单及组号，最后按“OK”即可。

（4）打印：在图形剪辑页中，用鼠标单击“打印”按钮，即可由打印机打印出一张剪辑后的图形。

（三）BL－410 生物功能实验系统使用注意事项：

（1）在开机状态下，切忌插入或拔出计算机各插口的连线。

（2）切忌液体滴入计算机及附属设备内。

（3）未经允许，不得随意改动计算机系统的设置。

（4）在实验开始记录时，注意是否在记录状态下（记录按钮是否已变红），否则数据存盘没有进行，反演时无记录图形数据。

(5)未经许可不要自带软盘上机操作。

二、电刺激器具

1. 锌铜弓

锌铜弓是简单的电刺激器，常用来检验神经肌肉标本的兴奋性。锌铜弓有两臂(即刺激电极)，由锌或铜制成。使用时将锌铜弓的两臂先沾少许任氏液，然后轻轻地同时接触被检查的神经，即可产生微弱的电刺激。此时铜臂带正电，锌臂带负电，两臂通过被检组织形成了“接触电位差”。

2. 电子刺激器

电子刺激器一般为电脉冲刺激仪，其输出脉冲的宽度、幅度、频率、间隔等都能准确地进行定量控制，故为机能实验中刺激组织的最常用仪器。

3. 刺激电极

(1)普通双极电极：该电极由两根金属丝安装在一绝缘杆内组成，一端通过导线与电子刺激器输出端相连，另一端的金属丝裸露少许，以便与组织接触而施加刺激。

(2)保护电极：保护电极是将金属丝包埋在绝缘物内，一端通过导线与电子刺激器输出端相连，另一端挖有空槽，金属丝在槽内裸露少许接触组织以便刺激，保护电极一方面可刺激拟受刺激的组织(如神经干)，同时不会刺激周围的其他组织而起到所谓的保护作用。

(3)屏蔽盒：屏蔽盒是用来放置并刺激神经标本的装置，外壳一般由铜或有机玻璃制成，内部有 7 个(2 个刺激电极，1 个地线，4 个引导电极)绝缘，固定一侧的可滑动银制电极。屏蔽盒可用于神经干动作电位的引导和其他电生理实验。使用时应该注意接地良好，屏蔽盒底部可用湿润的滤纸保持其中的湿度，以防标本干燥。

三、换能器

换能器也叫传感器，是计算机生物功能实验系统的配套装置，它能将一些非电信号(如机械、光、温度、化学等的变化)转变为电信号，然后输入不同的仪器进行测量、显示、记录，以便对其所代表的生理变化作深入的分析。换能器的输出插头与计算机生物功能实验系统的输入插座相接。换能器的种类很多，机能实验常用的换能器主要有以下两种：

1. 张力换能器

张力换能器也叫机械—电换能器(图 2－3)，是由传感器和调节箱构成一个电桥，电桥可将微弱的张力变化转变为电信号。传感器是由两组应变片组成，两组应变片(R_1、R_2 及 R_3、R_4)分贴于悬梁臂的两侧，两组应变片中间联一可调电位器与一个三伏电源组成一套桥式电路。当外力作用于悬梁的游离受力点，使之作轻微位移时，则一组应变片中一片受拉、一片受压，电阻向正向改变，而另一组则变化相反，使电桥失去平衡，即有电流输出，此电流经过放大输入示波器或记录仪。应变元件的厚度与承受力的大小有关，根据所测生理机械力阻的大小，可采用不同上限量程的机械——电换能器。

在使用张力换能器时应将肌肉一端固定，另一端按肌肉自然长度悬于换能器的受力点上，然后将换能器的输出与记录仪相接通。张力换能器主要用于记录骨骼肌、心肌、平滑肌等组织的收缩曲线。

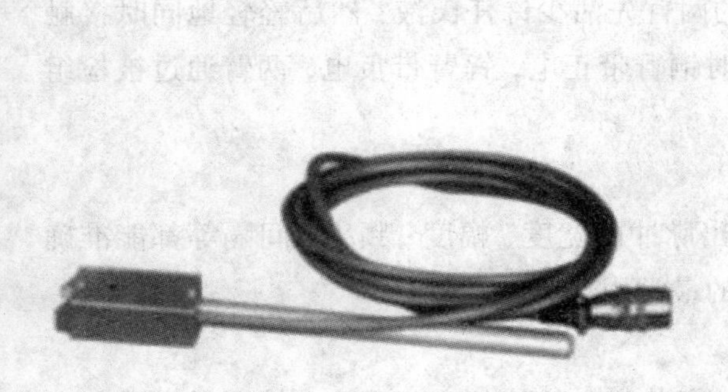

图2-3 张力换能器

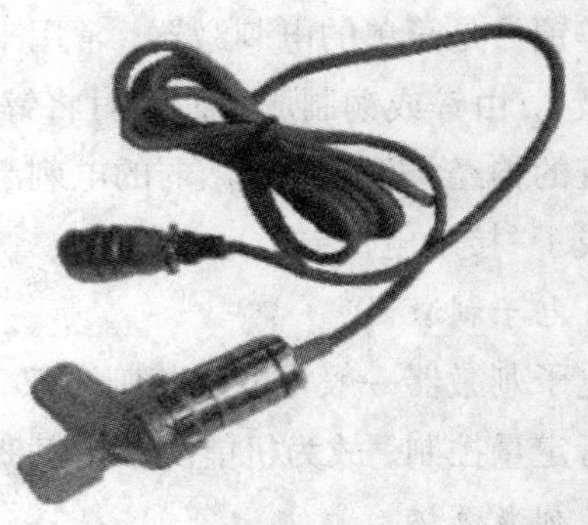

图2-4 压力换能器的外形图

2. 压力换能器

压力换能器也叫容量电换能器(图2-4)，它能将容量的变化转换为电能，此仪器的两组应变片是贴于一弹性管壁上，组成桥式电路。换能器的头部用透明罩密封，使用时内部充满生理盐水，从排气孔排出所有气泡，然后夹闭。另一嘴为压力传送嘴，接通血管套管，当压力传送嘴与血管接通时，压力传至弹性扁管，使应变片变形，输出电流改变。

压力换能器主要用来测量血压、胸腔内压、心内压、颅内压、胃肠内压和眼内压等。它可以把压力的变化转化为电阻率的变化，电信号的大小与外加压力的大小呈线性相关。

四、常用手术器械

生理实验中所使用的手术器械，基本上与人用外科手术器械相同。但也有些外科器械是给动物手术时使用的。现将常用的手术器械及其用法简介于下：

(一)蛙类手术器械

1. 剪刀

粗剪刀用于蛙类实验中的剪骨、肌肉和皮肤等粗硬组织；细剪刀或眼科剪用于剪神经、血管和心包膜等软组织。

2. 镊子

圆头镊子对组织损伤小，用于夹捏组织和牵提切开处的皮肤；眼科镊有直、弯两种，用于夹捏细软组织和分离血管、神经。

3. 金属探针

分为针柄和针部，用于破坏蛙或蟾蜍的脑和脊髓。

4. 动脉夹

用于阻断动脉血流。

5. 玻璃分针

用于分离神经和血管等组织。

6. 蛙心夹

使用时一端夹住蛙心尖部，另一端借线连于换能器，以进行心脏活动的描记。

7. 蛙板

用于固定蛙类动物以进行实验。可用图钉将蛙腿钉在蛙板上，如果制备神经肌肉标本，则应在清洁的玻璃板上操作，可在蛙板上放一适当大小的玻璃板。

（二）哺乳类手术器械

哺乳类动物实验中常用的手术器械主要包括：

1. 剪刀

弯剪刀可用于剪毛；直手术剪刀用于剪开皮肤、皮下组织、筋膜和肌肉等；眼科剪用于剪神经、血管、输尿管等。正确的执剪姿势如图 2－5 所示，即用拇指与无名指持剪，示指置于手术剪上方。

图 2－5 正确的执剪姿势

2. 手术刀

常用的手术刀由刀柄和刀片两部分组成，用于切开皮肤和脏器。常用的执刀方法有两种（图 2－6）：

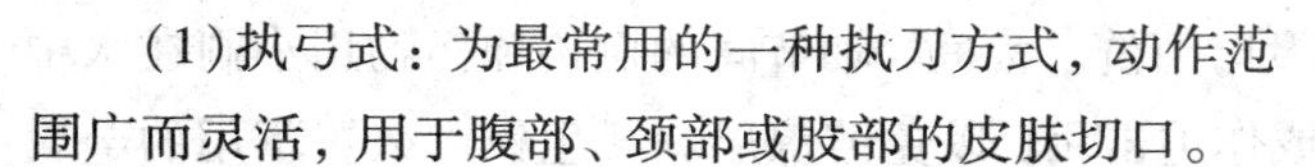

（1）执弓式：为最常用的一种执刀方式，动作范围广而灵活，用于腹部、颈部或股部的皮肤切口。

（2）执笔式：用于切割短小的切口，用力轻柔而操作精确。如解剖血管、神经，作腹膜小切口等。

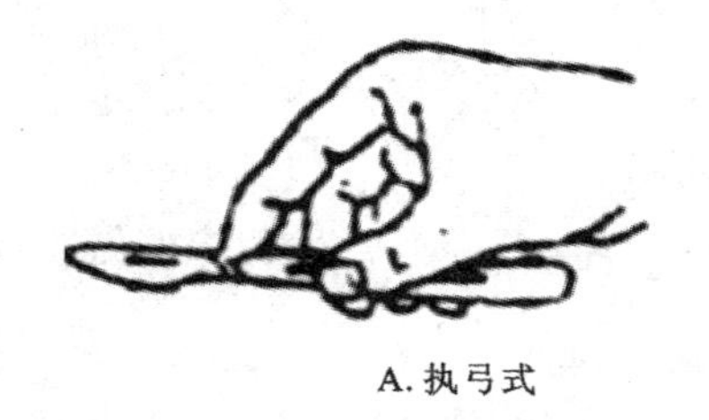

A. 执弓式

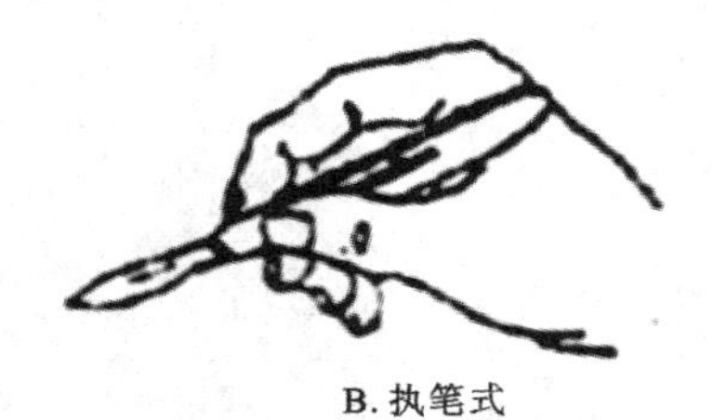

B. 执笔式

图 2－6 常用的执刀方法

3. 止血钳（血管钳）

主要用于钳夹血管或出血点，以达到止血的目的。也用于分离组织，牵引缝线，把持和拔出缝针等执血管钳的姿势与执手术剪姿势相同。开放血管钳的手法是：利用右手已套入血管钳环口的拇指与无名指相对挤压，继而以两指向相反的方向旋开，放开血管钳。

血管钳有直、弯、有齿、长柄等多种类型。直血管钳用于手术野浅部或皮下止血；弯血管钳用于较深部止血；蚊式血管钳用于精确的止血和分离组织。

4. 骨钳

打开颅腔和骨髓腔时用于咬切骨质。

5. 颅骨钻

开颅时钻孔用。

6. 动脉夹

用于阻断动脉血流。

7. 气管插管

为“Y”形管，急性动物实验时插入气管，以保证呼吸畅通。

8. 血管插管

动脉插管在急性动物实验时插入动脉，在哺乳类动物实验中，另一端接压力换能器，以记录血压，插管腔内不可有气泡，以免影响结果，静脉插管还可用于向动物体内注射药物和溶液。

9. 三通阀

可按实验需要改变液体流通的方向，以便于静脉给药、输液和描记动脉血压。

10. 其他

如缝针、缝线、注射器及针头、持针器等，也是常用物品。

各种手术器械使用结束后，都应及时清洗。齿间、轴节间的血迹和污物用小刷在水中擦洗，后用干布擦干，忌用火焰烘干或作重击用，以免镀镍层剥脱生锈。久置不用的金属器械还需擦油剂加以保护。

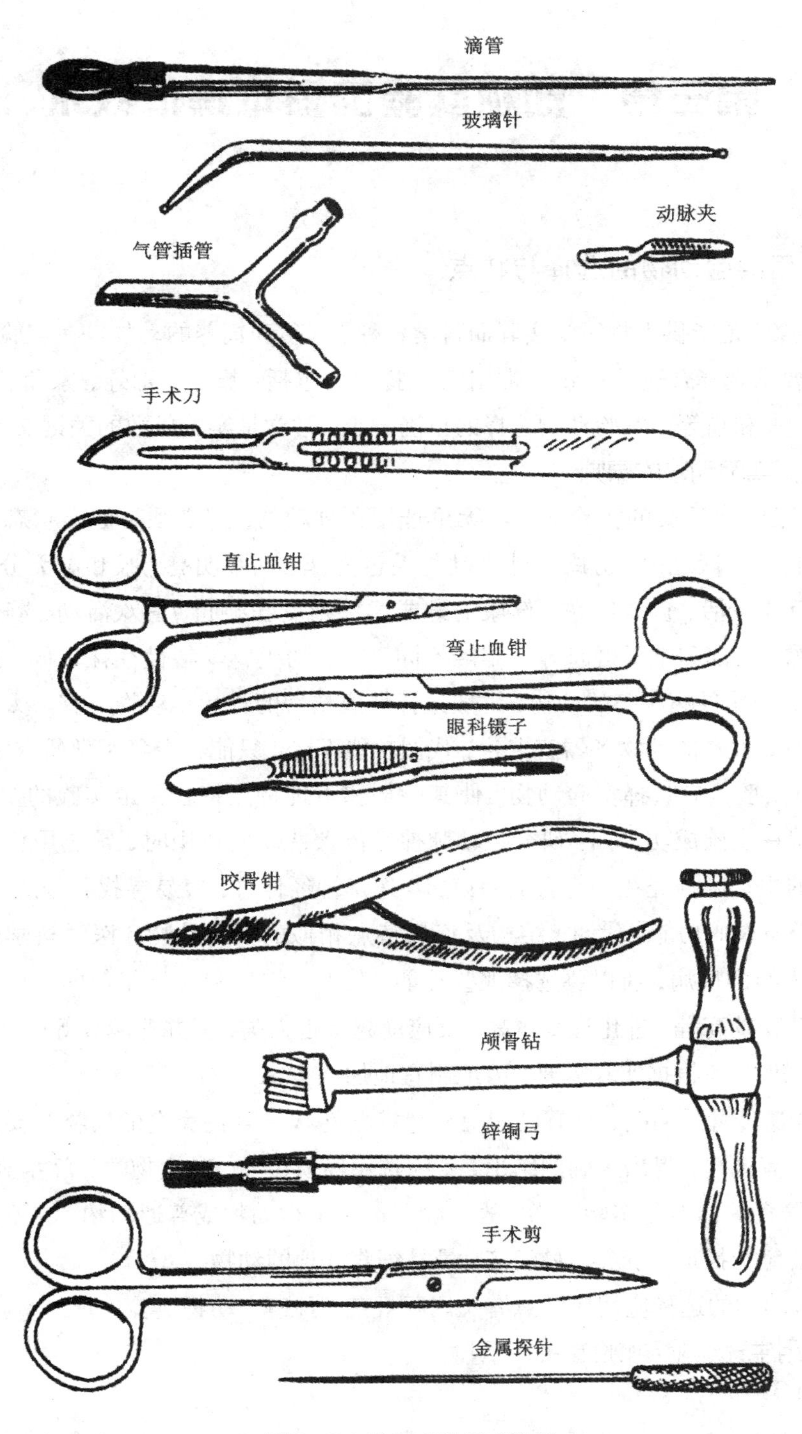

图2－7　常用实验手术器械

（彭丽花）

第三章 动物实验的基本操作技术

一、常用实验动物的选择与特点

“实验动物”是指供生物医学实验而科学育种、繁殖和饲养的动物。在实验中需要根据实验目的和要求选择合适的动物。常用的实验动物包括：蟾蜍、青蛙、家兔、豚鼠、大白鼠、小白鼠、犬和猫等。实验动物选择的正确与否，常常是实验成败的关键。

（一）选择实验动物的原则

（1）选择健康、适龄的实验动物。无论选用哪种动物，都必须是健康状态良好的非疾病状态的动物。一般地说，健康的哺乳动物毛色光泽、两眼明亮、眼和鼻无分泌物、鼻端潮湿而凉、反应灵活、食欲良好。健康的蛙或蟾蜍则皮肤湿润、喜欢活动，静止时后肢蹲坐、前肢支撑、头部和躯干挺起等。年龄不同，动物的生物学特性往往不同，应选用成年营养状况良好的非疾病状态的动物，一般选择性成熟后的青壮年动物为宜。太小的动物达不到成年水平，太老的动物各器官老化，代谢功能下降，只能在老年医学研究中使用。

（2）根据实验内容选择实验动物，使其解剖和生理特点符合预定实验的要求，以减少操作难度，确保实验成功。如：研究主动脉神经传入冲动的作用时，常选用兔作为实验对象，因为兔的主动脉神经在颈部自成一束，与迷走神经伴行，容易寻找和分离。

（3）选择与人的功能、代谢、结构及疾病特点相似的实验动物。医学科学研究的目的在于要解决人类的疾病，所以要选择那些功能、代谢、结构和人类相似的实验动物。一般来说，实验动物越高等，进化程度越高，反应就越接近人类，但并非越高等的动物越好，在选择实验动物时，应根据实验需要，因地制宜地加以考虑。

（4）选择遗传背景明确，具有已知菌丛和模型性状显著且稳定的动物。要使动物实验的结果可靠、有规律，得出正确的结论，就应选用经遗传学、微生物学、营养学、环境卫生学的控制而培育的标准化实验动物，故一般不选用杂种动物或普通动物，在不影响实验效果的前提下，应选择最易获得、最经济、最易饲养管理的动物。

（5）实验动物的选择应用应注意有关国际规范，且遵守动物实验伦理。

（二）常用生理实验动物的特点与用途

1. 蟾蜍与蛙

属于两栖纲，无尾目。蟾蜍与蛙的一些基本生命活动与哺乳类动物相似，进化比较原始，整体及器官对环境要求低，且价格低廉，易于获得，是实验教学中常用的小动物。它们的离体心脏能较持久地、有节律地搏动，常用于观察药物对心脏的作用；坐骨神经腓肠肌标本可用于引导动作电位或观察骨骼肌的收缩变化。

2. 家兔

属哺乳纲，兔形目，兔科，穴兔属，为草食哺乳动物。家兔性情温顺、胆小易惊，易饲养，抗病力强，繁殖率高，是常用的实验动物。常用于观察药物或其他条件对心脏、血压、呼吸的影响及有机磷农药中毒和解救的实验。

3. 小白鼠

属于脊椎动物门，哺乳纲，啮齿目，鼠科，小鼠属动物。具有成熟早、繁殖力强的特点，体形较小，价格低廉，易于饲养管理。适用于动物需要量较大的实验，如筛选药物、半数致死量等，但不同品系的小鼠对同一刺激的反应性差异较大。

4. 大白鼠

属哺乳纲，啮齿目，鼠科，大鼠属动物。性情凶猛，抗病力强，繁殖较快。一些在小鼠身上不便进行的实验可选用体形较大的大鼠。如用于胃酸分泌、胃排空、水肿、炎症、休克等研究。

5. 豚鼠

属哺乳纲，啮齿目，豚鼠科，又名天竺鼠、荷兰猪、海猪。不喜于攀登和跳跃，习性温顺，胆小易惊，喜干燥清洁的生活环境，易饲养。因其对组胺敏感，并易于致敏，故常选用于抗过敏药，如平喘药和抗组胺药的实验。又因它对结核菌敏感，故也常用于抗结核病药的治疗研究。也常用于离体心房、心脏实验和钾代谢障碍、酸碱平衡紊乱的研究。

6. 猫

其循环系统发达，血压稳定，血管壁坚韧。猫对外科手术的耐受力强，常用于血压实验、心血管药物及中枢神经系统药物的研究。猫的小脑和大脑发达，其头盖骨和脑的形态固定，常用来做去大脑僵直、姿势反射等神经生理学实验。

7. 犬(狗)

属哺乳纲，食肉目、犬科。嗅觉、听觉灵敏，具有发达的血液循环和神经系统，且与人类很近似。常用于血液循环、消化和神经活动的实验研究，如条件反射。

二、常用实验动物的捉持与固定方法

1. 蟾蜍和蛙的抓取与固定

通常以左手握持，用示指按其头部使略向前屈，拇指按住其背部，其余三指则按住它的四肢和腹部(图3－1)。可用蛙足钉，采取俯卧位或仰卧位固定在蛙板上。抓取蟾蜍时禁忌挤压两侧耳部毒腺以免毒液射入眼中。如需长时间固定，可将青蛙和蟾蜍麻醉或毁损脑脊髓后，用大头针钉在蛙板上。

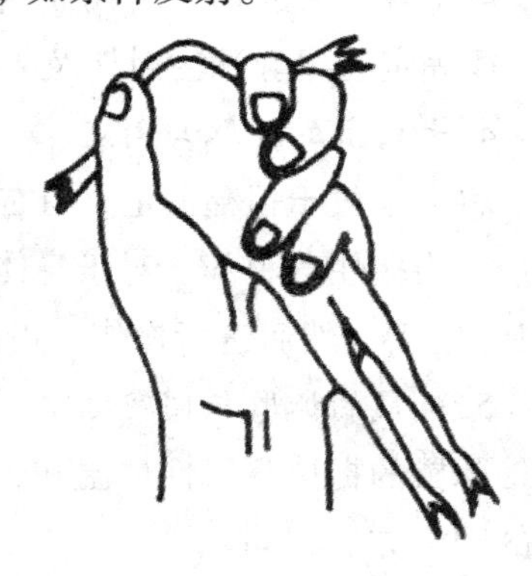

图3－1　蟾蜍捉持法示意图

2. 家兔的抓取与固定

抓取时，动作应轻柔，避免家兔在挣扎时抓伤皮肤，将兔轻轻提起，另一只手托住臀部，使呈蹲坐姿势，切忌提拿双耳(图3－2)。固定的方法有盒式固定和台式固定。盒式固定适用于采血和耳部固定，台式固定适用于测量血压、呼吸和进行手术操作等。固定方式分为仰卧位和俯卧位两种。仰卧位固定时，用绳打套结绑住四肢的踝关节上，将其后两肢拉直，固定在手术台后缘的固定柱上，再将绑前肢的绳子在家兔的背部穿过，并压住其对侧前肢，交叉固定到手术台对侧的固定柱上。头部用粗细适当的绳子勾住家兔的两颗上门齿，固定于手术台的固定柱上。

图3－2　家兔捉持法示意图

3. 小白鼠的抓取与固定

以右手提起鼠尾，将小鼠放于笼盖或其他粗糙面上，将鼠尾向后轻拉，使小鼠前肢固定于粗糙面上。此时迅速用左手拇指和示指捏住小鼠颈背部皮肤，并以小指与无名指夹持其尾根部，固定于手中(图3－3)。在进行解剖、手术、心脏采血、尾静脉注射时，可将麻醉后的小鼠用线绳捆绑在固定板上，或固定在尾静脉注射架及粗试管中。

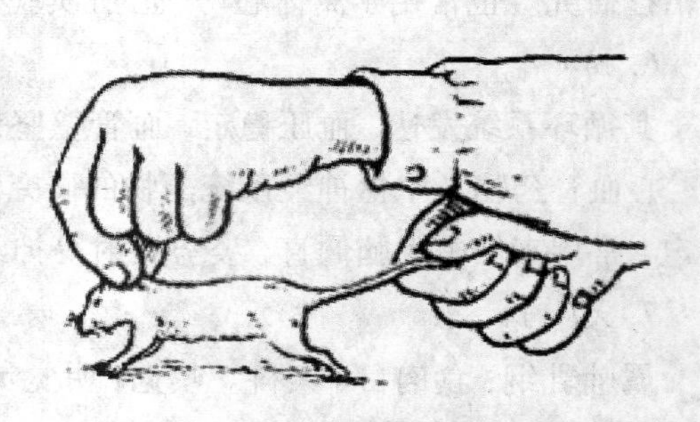

图3－3　小鼠捉持法示意图

4. 大白鼠的抓取与固定

将大鼠放于粗糙面上，用右手拉其尾部，左手戴保护手套，以拇指和示指握住头部，其余三指握住背腹部。对于身体特大或凶狠易咬人的大鼠，可先以布巾包裹大鼠全身，露出其口、鼻，然后进行操作。可用线绳加木板、尾静脉注射架等装置进行固定。

5. 豚鼠的抓取与固定方法

豚鼠的捉持豚鼠性情温和，不咬人，用手轻轻握住身体即可抓起，固定方法与大、小鼠的固定方法相同。

6. 犬的抓取与固定方法

对于驯服的犬可戴上特制嘴套，用绳带固定于颈部；对于凶暴的犬，可用长柄捕犬头钳钳住犬的颈部，然后套上嘴套。犬嘴也可用绳带固定，操作时先将绳带绕过犬嘴的下颌打结，再绕到颈后部打结，以防绳带滑脱。犬的固定方法为，麻醉后用绷带捆住犬的四肢，固定在实验台上。头部用犬头固定器固定后，除去嘴上的绷带，防止狗窒息。固定结束后即可进行手术等实验操作。

三、实验动物的给药方法

（一）经口给药法

1. 口服法

将药物放入饲料或溶于饮水中让动物自动摄取的给药法。此法简单方便，但是剂量不易掌握。

2. 灌胃法

（1）小鼠灌胃法：以左手捉持小鼠，使腹部朝上，右手持灌胃器（以 1 ~ 2 mL 注射器上连接细玻管或把注射针头磨钝制成），灌胃管长 4 ~ 5 cm，直径 1 mm。先从小鼠口角插入口腔内，然后沿着上额壁轻轻插入食管，至稍感有阻力时（大约灌胃管插入 1/2），相当于食管过隔肌的部位。此时，即可推动注射器，进行灌胃（图 3 - 4）。若注射器推动困难，应重插；注药后轻轻拔出灌胃管，一次投药为 0.1 ~ 0.3 mL/10 g 体重。

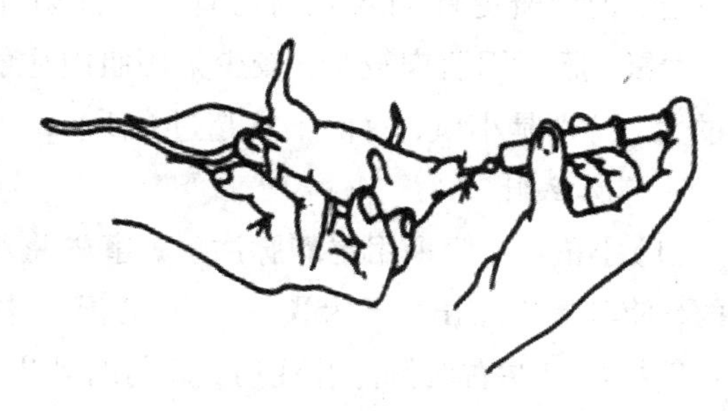

图 3 - 4　小鼠灌胃法示意图

（2）家兔灌胃法：家兔液体药物灌胃法需两人合作。一人坐好，两腿将兔身夹住，右手抓住双耳，固定头部，手抓住双前肢。另一人将木或竹制开口器压下舌头，以导尿管经开口器中央小孔慢慢沿上额壁插入食管 5 ~ 6 寸长，将导尿管端置于一杯清水中，若无气泡冒出，说明导尿管没有插入气管，这时即可用注射器抽取需要量药液从导尿管灌入兔胃。然后用 3 ~ 5 mL 清水冲洗导尿管后，抽出导尿管，取出开口器。

（二）注射给药法

1. 淋巴囊内注射

蛙及蟾蜍皮下有多个淋巴囊，对药物易吸收。一般将药物注射于胸、腹或股淋巴囊。因其皮肤较薄，为避免药液从针眼中漏出，故作胸部淋巴囊注射时，针头由口腔底部穿下颌肌层而达胸部皮下；作股部淋巴囊注射时，应从小腿皮肤刺入，通过膝关节而达大腿部皮下。注入药液量一般为 0.25 ~ 0.5 mL。

2. 皮下注射

（1）小鼠：通常在背部皮下注射，将皮肤拉起，注射针刺入皮下，把针尖轻轻向左右摆动，易摆动表示已刺入皮下，然后注射药物。拔针时，以手指按住针刺部位，防止药物外漏。注射药量为 0.1 ~0.3 mL/10 g 体重。

(2)豚鼠：注射部位选用大腿内侧面、背部、肩部等皮下脂肪少的部位。通常在大腿内侧面注射。一般需两人合作，一人固定豚鼠，一人进行注射。

(3)兔：左手将兔背部皮肤提起，右手持注射器，针尖刺入皮下松开左手，进行注射。

(4)犬：于犬的颈部或背部将皮肤拉起，注射针刺入皮下进行注射。

3. 皮内注射

先将注射部位剪毛，消毒。提起注射部位的皮肤，注射针沿皮肤表浅层刺入，注射药液，这时注射处出现白色小皮丘。大鼠、豚鼠一般选背部或腹部皮内。

4. 肌内注射

兔、猫、犬选择两侧臀部肌肉。在固定动物后，注射器与肌肉成60 度角，一次刺入肌内注射，但应避免针刺入肌肉血管内。注射完后轻轻按摩注射部分，以助药物吸收。小鼠、大鼠、豚鼠因肌肉较小，较少采用肌内注射，若有必要，以股部肌肉较合适，用药量不宜过大，特别是小鼠，每侧不宜超过 0.1 mL。

5. 静脉注射

(1)小鼠：一般采用尾静脉注射，事先将小鼠置于固定的筒内或铁丝罩内，或扣于烧杯内，使其尾巴露出，于45℃ ~50℃的温水中浸泡或用75%的乙醇棉球擦之，使血管扩张。选择尾巴左右两侧静脉注射，注射时若出现隆起的白色皮丘，说明未注入血管，应重新向尾根部移动注射。一次注射量小鼠为 0.05 ~0.1 mL/10 g 体重(图 3 -5)。

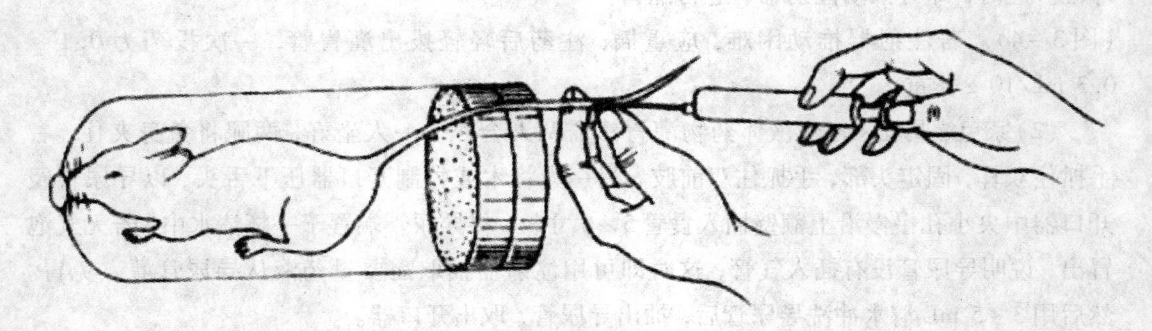

图 3 -5 小鼠尾静脉注射示意图

(2)豚鼠：一般用前肢皮下头静脉注射，后肢小隐静脉注射也可以。接近下部比较容易刺入静脉。注射量一般不超过 2 mL。

(3)家兔：一般采用耳缘静脉注射。可用乙醇棉球涂擦耳部边缘静脉，或用电灯泡烘烤兔耳使血管扩张。以左手指在兔耳下作垫，右手持注射器，针头经皮下进入血管。注射时若无阻力或发白隆起现象，说明针头在血管内，注射完毕，压住针眼，拔去针头，继续压迫数分钟止血(图 3 -6)。

(4)犬：可选用前肢皮下头静脉或后肢小隐静脉注射(图 3 -7)。以手或橡皮带把静脉向心端扎紧，使血管充血。乙醇消毒后，针向近心端刺入静脉，回抽针栓，倘有回血即可推注药液。

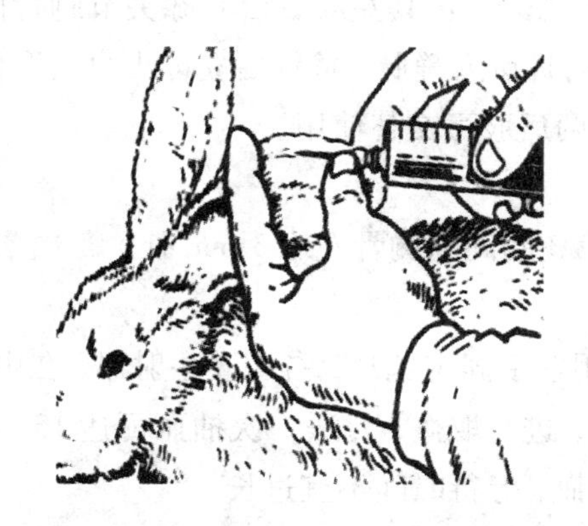

图3－6　兔耳缘静脉注射示意图

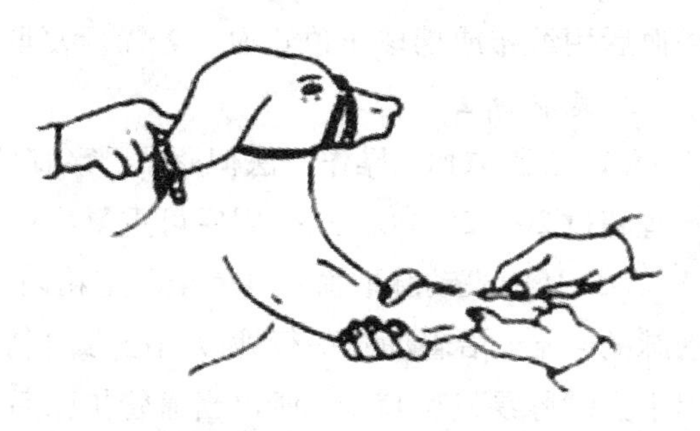

图3－7　犬前肢皮下头静脉(右)注射示意图

6. 腹腔注射

(1)小鼠：以左手捉持小鼠，腹部向上，右手将注射器针头刺入皮肤，其部位是距离下腹部腹白线稍向左或右的位置。向前推进3～5 mm，接着使注射器针头与皮肤呈45度角度刺入腹肌，继续向前刺入，通过腹肌进入腹腔后抵抗感消失，这时可轻轻注射药液。小鼠的一次注射量为0.1～0.2 mL/10 g体重(图3－8)。

(2)豚鼠、猫、兔等：豚鼠、猫腹腔注射部位同小鼠。兔在下腹部近腹白线左右两侧约1 cm处，犬在脐后腹白线侧边1～2 cm处注射为宜。

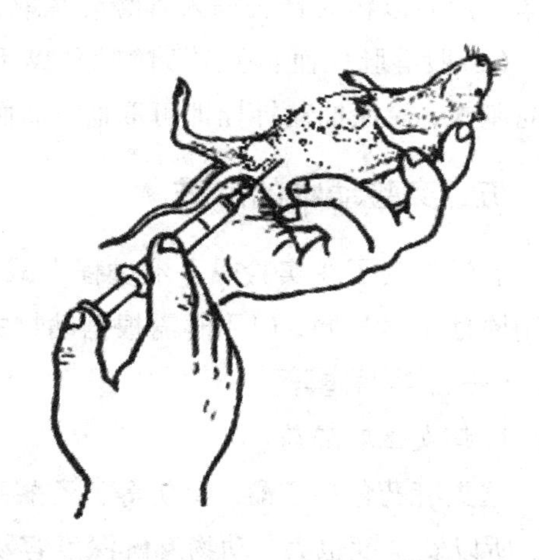

图3－8　小鼠腹腔注射示意图

四、实验动物取血法

1. 小鼠、大鼠取血法

(1)股静脉或股动脉取血：小鼠或大鼠经麻醉后，背位固定，左或右腹股沟处动静脉分离手术，血管下分别穿一根丝线，以提拉血管用，右手持注射器将注射针平行于血管刺入血管内，即行取血。若需连续多次取血，则取血部位尽量靠离心端。

(2)心脏取血：将小鼠或大鼠仰卧固定于固定板上，剪去心前区毛，乙醇消毒，在左胸侧第3～4肋间，用左手示指触摸到心搏动处，右手持注射器刺入心脏，血管随心脏跳动的力量自动进入注射器。也可切开胸腔，直接从见到的心脏内抽吸血液。

2. 豚鼠取血法

(1)心脏取血：背位固定豚鼠，左手示指触摸心脏搏动处，于胸骨左缘第4～6肋间腔插入注射器刺入心脏，血液随心脏跳动而进入注射器内。部分取血可采 5 ~7 mL，采全血量可达 15 ~20 mL。

（2）背中足静脉取血：一人固定豚鼠，另一人以乙醇消毒其左或右后肢膝关节脚背面，找出背中足静脉后，左手拉住豚鼠趾端，右手拿注射针刺入静脉，拔针后立即出血而取血。采血后用纱布或棉球压迫止血。若需反复取血时，两后肢可交替使用。

3. 兔取血法

（1）心脏取血：操作方法似豚鼠，穿刺部位在第 3 肋间隙胸骨左缘 3 mm 处。每次取血不宜超过 20 ~25 mL。经一周后可重复取用。

（2）耳中央动脉取血：将兔于固定箱内固定，用左手固定兔耳，右手取注射器，在中央动脉的末端，沿着动脉平行地以向心方向刺入动脉，进行取血，此法一次抽血可达 15 mL。因中央动脉易发生痉挛，所以当血管扩张后迅速抽血，等待时间不宜过长。

（3）耳缘静脉取血：以小血管夹夹紧耳根部，并以二甲苯局部使血管扩张后，用乙醇擦净。然后以粗大针头插入耳缘静脉取血。

（4）股静脉取血：在作股静脉分离手术后，注射器平行于血管，从股静脉下端沿向心方向刺入，徐徐抽动针栓即可取血，抽血完毕注意止血。

五、实验动物的麻醉

麻醉是为了在实验或手术过程中减少动物的疼痛，保持其安静。麻醉药的种类繁多，作用原理不尽相同，应用时需根据动物的种类以及实验或手术的性质，慎重选择。

（一）常用麻醉药

1. 挥发性麻醉药

这类麻药包括乙醚、氯仿等。乙醚吸入麻醉适用于各种动物，其麻醉量和致死量差距大，所以安全度也大，动物麻醉深度容易掌握，而且麻后苏醒较快。其缺点是对局部刺激作用大，可引起上呼吸道黏膜液体分泌增多，再通过神经反射可影响呼吸、血压和心脏活动，并且容易引起窒息，故在乙醚吸入麻醚时需有人照看，以防麻醉过深而出现上述情况。

2. 非挥发性麻醉药

这类麻醉药种类较多，包括苯巴比妥钠、戊巴比妥钠、硫贲妥钠等巴比妥类的衍生物，氨基甲酸乙酯和水合氯醛。这些麻醉药使用方便，一次给药可维持较长时间，麻醉过程较平衡，动物无明显挣扎现象。但缺点是苏醒较慢。

（二）常用麻醉方法

1. 全身麻醉

全身麻醉常用于较深部位或较广泛的手术。麻醉后，如动物卧倒不动，呼吸变深、变慢，四肢松弛无力，角膜反射迟钝，即表明动物已完全麻醉。全身麻醉用的麻醉药，可分为吸入麻醉和注射麻醉两类。

（1）吸入麻醉法：多选用乙醚。方法是用一块圆玻璃板和一个钟罩或一个密闭的玻璃箱作为挥发性麻醉药的容器，将乙醚倒在几个棉球上，迅速转入钟罩或箱内，让其挥发，然后把待麻醉动物投入。约隔4～6分钟即可麻醉，麻醉后应立即取出，并准备一个蘸有乙醚的棉球小烧杯，在动物麻醉变浅时套在其鼻上使其补吸麻药。本法最适用于大、小鼠的短期操作性实验的麻醉。由于乙醚燃点很低，遇火极易燃烧，所以在使用时，一定要远离火源。

（2）注射麻醉法：此法操作简便，是实验室非挥发麻醉药最常采用的方法之一。腹腔给药麻醉多用于大小鼠和豚鼠，较大的动物如兔、犬等则多用静脉给药进行麻醉。由于各麻醉药的作用长短以及毒性有差别，所以在腹腔和静脉麻醉时，一定要控制药物的浓度和注射量。常用注射麻醉药的用法和剂量见表3－1。

表3－1　常用注射麻醉药的用法和剂量

药　物	动物	给药途径	溶液浓度	剂量	麻醉持续时间
巴比妥钠	犬	静脉注射	3%	1 mL/kg	2～4 h
	兔	静脉注射	2.5%	1 mL/kg	2～4 h
氨基甲酸乙酯（乌拉坦）	兔	静脉注射	20%	4 mL/kg	2～4 h
氯胺酮	犬，兔	静脉或肌内注射	1%	0.3～0.5 mL/kg	30 min
	大鼠，豚鼠	腹腔注射	1%	0.8 mL/100 g	30 min
乙醚	各种动物	吸入			麻醉持续时间由实验决定

2. 局部麻醉

利用阻滞神经传导的药物，使麻醉作用局限于躯体某一局部称为局部麻醉。

（1）猫的局部麻醉一般应用0.5%～1.0%盐酸普鲁卡因注射。黏膜表面麻醉宜用2%盐酸可卡因。

（2）兔在眼球手术时，可于结膜囊滴入0.02%盐酸可卡因溶液，数秒钟即可出现麻醉。

（3）犬的局部麻醉用0.5%～1%盐酸普鲁卡因注射。眼、鼻、咽喉表面麻醉可用2%盐酸可卡因。

（三）麻醉效果的观察

动物的麻醉效果直接影响实验的进行和实验结果。如果麻醉过浅，动物会因疼痛而挣扎，甚至出现兴奋状态，呼吸、心律不规则，影响观察。麻醉过深，可使机体的反应性降低，甚至消失，更为严重的是抑制延髓的心血管活动中枢和呼吸中枢，使其呼吸、心跳停止，导致动物死亡。因此，在麻醉过程中必须善于判断麻醉程度，观察麻醉效果。判断麻醉程度的指标有：

1. 呼吸

动物呼吸加快或不规则，说明麻醉过浅，可再追加一些麻药，若呼吸由不规则转变为规则且平稳，说明已达到麻醉深度。若动物呼吸变慢，且以腹式呼吸为主，说明麻醉过深，动物有生命危险。

2. 反射活动

主要观察角膜反射或睫毛反射，若动物的角膜反射灵敏，说明麻醉过浅；若角膜反射迟钝，麻醉程度合适；角膜反射消失，伴瞳孔散大，则麻醉过深。

3. 肌张力

动物肌张力亢进，一般说明麻醉过浅；全身肌肉松弛，麻醉合适。

4. 皮肤夹捏反应

麻醉过程中可随时用止血钳或有齿镊夹捏动物皮肤，若反应灵敏，则麻醉过浅；若反应消失，则麻醉程度合适。

总之，观察麻醉效果要仔细，上述四项指标要综合考虑，在静脉注射麻醉时还要边注入药物边观察。只有这样，才能获得理想的麻醉效果。

六、急性动物实验常用手术方法

(一)备皮

指在动物手术前应先进行手术部位的皮肤准备，包括手术相应部位清除体毛、清除皮肤污垢，消毒皮肤。备皮可以保持术区的无菌，减少外科术后感染的发生率。

(二)切口与止血

备皮后，定好切口的起止点，必要时可做出标记。切口方向要尽可能与组织纤维走向一致。切口大小以既便于手术操作又不过多的暴露组织器官为宜。切口时，手术者以左手拇指和示指绷紧上端皮肤，右手持手术刀，以适当的力度一次切开皮肤及皮下组织，直至肌层。剪开肌膜，用止血钳或手指钝性分离肌纤维至所需长度。若切口与肌纤维走向不同，则应先结扎肌肉两端，再从中间横向剪断。切口应由外向内逐次减小，以便于观察和止血。

手术过程中如有出血需及时止血。微血管渗血，用温热盐水纱布轻压即可止血；较大血管出血，先用止血钳将出血点及周围的少量组织一并夹住，然后用线结扎；更大血管出血，最好用针线缝局部组织，进行贯穿结扎，以免结线松脱。止血对术中减少失血、保持术野清晰、防止重要组织损伤、保证手术安全以及术后创口愈合等均具有重要意义。

(三)肌肉、神经与血管的分离

1. 肌肉分离

分离肌肉时，应用止血钳在整块肌肉与其他组织之间，顺着肌纤维方向操作，将肌肉一块块地分离，绝不能在一块肌肉的肌纤维间操作，这不仅容易损伤肌纤维而引起出血，并且也很难将肌肉分离。若必须将肌肉切断，应先用两把止血钳夹住肌肉(小块或薄片肌肉也可用两道丝线结扎)，然后在两止血钳间切断肌肉。

2. 神经和血管分离

神经和血管都是易损伤的组织，在剥离过程中要耐心、细致；不可用有齿镊子进行剥离，也不可用止血钳或镊子夹持，以免损伤其结构与功能。在剥离粗大的神经、血管时，应先用蚊式止血钳将神经或血管周围的结缔组织稍加分离，然后用大小适宜的止血钳将其从周围的结缔组织中游离出来，游离段的长短视需要而定。在剥离细小的神经或血管时，要特别注意保持局部解剖位置，不要把结构关系弄乱，同时需要用眼科镊或玻璃分针轻轻地进行分离。剥离完毕后，在神经和血管的下方穿以浸透生理盐水的缚线（根据需要穿一根或两根），以备刺激时提起或结扎之用。然后盖上一块浸以生理盐水的棉絮或纱布，以防组织干燥，或在创口内滴加适量温热（37℃左右）石蜡油，使神经浸泡其中。

（四）插管技术

1. 气管插管术

在哺乳动物急性实验中，为了保持动物呼吸道的畅通，一般先切开气管，插入气管套管，防止分泌物堵塞气道。具体步骤是在甲状软骨下 0.5 ~1 cm 处两个软骨环之间剪一个口，再向头端作一小的纵切口，使呈“⊥”形，需防止血液流入气管内。向肺方向插入 Y 形玻璃管作为气管插管，用已穿好的线扎住，再在导管的侧管上打结，防导管滑出。

2. 颈部动脉插管术

一般在气管插管术后进行。首先游离出 3 ~4 cm 长的颈总动脉血管，在此血管下面穿入两条线备用。用一线结扎其远心端，用动脉夹夹住近心端，两端的距离尽可能长；另一线在动脉夹与远端结扎线之间打一活结。提起结扎线，用眼科剪的尖部在动脉夹远端靠近结扎处的血管前壁上剪一斜形切口，由切口处向心脏方向插入充满 0.5% 肝素溶液的动脉插管，用已成活结的备用线将其扎紧，并将余线在动脉插管的突起处结扎固定，小心慢慢放开动脉夹，取下动脉夹即可记录血压信号。

3. 股静脉插管术

动物麻醉后仰卧固定于手术台上，在腹股沟三角区备皮。沿血管走向做 4 ~5 cm 皮肤切口，用弯形止血钳分离肌肉和深部筋膜，暴露出神经和股血管，由外向内分别为股神经，股动脉及股静脉。用玻璃分针或蚊式钳仔细分离出一段股静脉，在其下面穿过两根丝线备用。先用静脉夹夹住股静脉的近心端血管，待血管内血液充盈后再结扎股静脉远心端。然后提起结扎线，用眼科剪的尖部与血管前壁呈 30°角，在紧靠结扎线近心端处剪一斜口，由切口处向心脏方向插入充满生理盐水的静脉插管，用另一备用线将其扎紧，并将余线结扎在静脉插管的突起处以防止滑脱（或将近心端结扎线余线与静脉插管平行拉直后，用远心端的结扎线一并结扎固定）。

4. 输尿管或膀胱插管术

（1）动物麻醉后仰卧固定于手术台上，在耻骨联合以上腹部备皮。

（2）自耻骨联合上缘约 0.5 cm 处沿正中线向上做 3 ~4 cm 的皮肤切口，用止血钳提起腹白线两侧的腹壁肌肉，再用手术剪沿腹白线剪开腹壁及腹膜。

（3）将膀胱翻出切口外。

1）若选用膀胱插管术，则在膀胱顶部血管较少处行荷包缝合，然后用眼科剪在荷包缝合圈内剪一小口，将充满水的膀胱漏斗由切口处插入膀胱，使漏斗对准输尿管开口处并贴紧膀胱壁，拉紧缝合线并结扎固定。术后用温盐水纱布覆盖腹部切口。在输尿管下方穿一条丝线，翻转膀胱（注意避开输尿管），结扎尿道。

2）若选用输尿管插管术，则在膀胱底部两侧找到输尿管，在输尿管靠近膀胱处穿过一条丝线，并打一活结备用。用镊柄或示指挑起输尿管后，再用眼科剪剪一斜口。由切口处向肾脏方向插入充满生理盐水的输尿管插管，并用备用丝线扎紧并固定之，以防滑脱。放置好输尿管及其插管后可见管内有尿夜慢慢流出。用同样的方法插入另一侧输尿管插管。术中及术后注意用温热盐水纱布覆盖手术切口以保持腹腔内的温度与湿度。术后也可用皮钳夹住腹腔切口关闭腹腔。

除上述几种插管外，在采集消化液时还需要进行胰导管、胆总管等插管，其操作方法大致与静脉插管相似，此不赘述。

七、实验动物的急救

在动物实验过程中可能会因麻醉过量，大失血，过强的创伤以及分泌物或血块堵塞气管等，而使动物出现血压急剧下降，呼吸不规则甚至呼吸停止，角膜反射消失等症状，对此应立即进行抢救。首先要查明原因，根据动物情况制定急救措施。

1. 麻醉过量的急救

（1）呼吸极慢、不规则，但心跳正常时：可进行人工呼吸或给予呼吸中枢兴奋药：①人工呼吸，用双手或单手按一定节律压迫动物胸廓进行人工呼吸，也可立即切开动物气管，插入气管插管，然后连接电动人工呼吸器进行人工呼吸。动物自主呼吸一旦恢复，即可停止人工呼吸。②注射呼吸中枢兴奋药，可从静脉一次注射 1% 洛贝林（山梗菜碱）0.5 mL或 25% 的尼可刹米 1 mL 等。洛贝林可刺激颈动脉体化学感受器，反射性引起呼吸中枢兴奋；对呼吸中枢也有轻微的直接兴奋作用，同时亦可升高血压；尼可刹米则直接兴奋呼吸中枢，使呼吸加深加快，但其对血管运动中枢的兴奋作用较弱。

（2）呼吸停止，仍有心跳时：①实施人工呼吸，必要时可使用人工呼吸机或吸氧（吸入气中 O_2 占 95%，C02 占 5%）；②注射 50% 葡萄糖注射液 5 ~ 10 mL；③给肾上腺素及苏醒剂。

（3）呼吸、心跳均停止时：在施用上述方法的同时，可注射强心药，用 1∶10 000 的肾上腺素作静脉注射，必要时可直接作心脏内注射。肾上腺素具有增强心肌收缩力，提高房室传导速度，扩张冠状动脉，增强心肌供血、供氧，改善心肌代谢，刺激心脏起搏点等作用。当动物注射肾上腺素后，心脏仍跳动无力时，可从静脉或心腔内注射 1% 氯化钙 5 mL，钙离子可使心肌收缩力增强，升高血压。

2. 窒息的处理

在动物麻醉后，呼吸道分泌物增多且不易排出，或气管插管术中出血形成血凝块，均可堵塞气管而造成窒息。此时，应立即拔出气管插管，清除气管内分泌物及血块，冲洗气管插管使其畅通。然后，再将气管插管重新插入。

3. 大失血的处理

(1)立即止血：在发现大出血时应暂停实验，查明出血部位后立即手指压迫或捏住出血处(尽量不要用止血钳，以防损伤动脉和神经)，然后仔细检查分离出血点，于近心端放置动脉夹，再行动脉插管术。

(2)补充血容量：经静脉快速输入温生理盐水使血量增加以恢复血压；也可静脉注入高渗葡萄糖液，通过其对动物血管内感受器的刺激，反射性引起血压和呼吸的改善。

(3)注射强心剂：必要时静脉注射1∶10 000的肾上腺素。

(4)采取保温措施，防止动物体温下降。待血压恢复后再进行实验。

八、实验动物的处死

在急性动物实验结束后，通常需要将动物处死。实验动物的处死方法有很多，可根据实验动物的种类选择处死方法。

1. 空气栓塞法

空气栓塞法主要用于大动物的处死。用注射器将空气快速注入待处死动物相应的静脉内，使动物快速死亡。注入静脉的空气可随着血液循环到全身，造成肺动脉、冠状动脉等阻塞，发生严重的血液循环障碍，动物很快死亡。一般处死家兔和猫需注入空气10～20 mL；处死犬需注入空气70～150 mL。

2. 急性失血法

急性失血法可用于各种实验动物的处死。方法：①利用实验中的颈部或股部手术切口，切断动物的颈动脉、颈静脉或股动脉、股静脉血管，快速大量放血致使动物死亡；②也可用粗针头刺入心脏抽取大量血液，使动物失血而死。

3. 颈椎脱臼法

颈椎脱臼法最常用于大、小白鼠的处死。其方法：用左手的拇指和示指用力向下按住鼠头，右手抓住鼠尾，用力向后拉动，使动物颈椎脱臼，脊髓与脑断离而迅速死亡(图3－9)。大鼠用此法处死时需抓住鼠尾根部，加大力量向后上方拉。

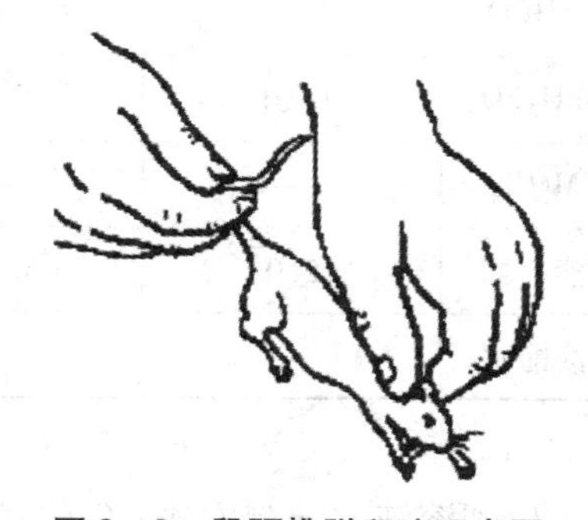

图3－9　鼠颈椎脱臼法示意图

4. 击打法

击打法主要用于大、小白鼠或家兔的处死。右手抓住鼠尾提起后，用力摔击其头部，鼠痉挛后立即死亡。用小木锤猛击家兔后脑部，损坏延脑，使其猝死。

(彭丽花)

第四章 生理学常用药品及溶液

一、生理溶液及其配制

在进行在体或离体器官及组织实验时，为了较长时间地维持器官及组织正常的生命及其功能活动，应尽可能使标本处于近似在体内的环境。其需要具备以下条件：①渗透压与组织液相同；②有维持组织器官正常功能所必需的比例适宜的各种离子；③酸碱度与血浆相同并具有缓冲能力；④营养物质、氧及温度与组织液相同。这类液体称为生理盐溶液。

然而，动物种类不同，其代替液的组成各异，渗透压也不一样，作为代替液的生理盐溶液在组成成分上也有所区别。如：两栖类动物体液的渗透压相当于0.65% NaCl溶液；温血动物体液的渗透压则相当于0.9% NaCl溶液；海生动物体液的渗透压约相当于3% NaCl溶液。常用的有：0.9%氯化钠溶液(生理盐水)、任氏液、乐氏液、台氏液等。其成分见表4－1。

表4－1 常用生理溶液成分表(表内各物质均以g为单位)

成分	任氏液	乐氏液	台氏液体	生理盐水	
	用于两栖类	用于哺乳类	用于哺乳类	用于两栖类	用于哺乳类
NaCl	6.5	9.0	8.0	6.5～7.0	9.0
KCl	0.14	0.42	0.2	—	—
$CaCl_2$	0.12	0.24	0.2	—	—
$NaHCO_3$	0.20	0.1～0.3	1.0	—	—
NaH_2PO_4	0.01	—	0.05	—	—
$MgCl_2$	—	—	0.1	—	—
葡萄糖	2.0	1.0～2.5	1.0	—	—
蒸馏水	均加至1 000 mL				

生理溶液的配制方法：先将各成分分别配制成一定浓度的母液(表4－2)，而后依表中所示容量混合。需要注意的是：$CaCl_2$应在其他母液混合并加入蒸馏水后，再边搅拌边逐滴加入，以防钙盐沉淀生成。另外，葡萄糖应在用前临时加入，不宜久置。

表 4－2　配制生理溶液所需的母液及其容量

成分	母液浓度	任氏液	乐氏液	台氏液
NaCl	20%	32.5 mL	45.0 mL	40.0 mL
KCl	10%	1.4 mL	4.2 mL	2.0 mL
$CaCl_2$	10%	1.2 mL	2.4 mL	2.0 mL
NaH_2PO_4	1%	1.0 mL	—	5.0 mL
$MgCl_2$	5%	—	—	2.0 mL
$NaHCO_3$	5%	4.0 mL	2.0 mL	20.0 mL
葡萄糖		2.0 g	1.0 ~ 2.5 g	1.0 g
蒸馏水	—	均加至 1 000 mL		

二、常用血液抗凝药

1. 肝素

抗凝作用很强，常用来作为全身抗凝剂。特别是在微循环方面动物实验时肝素的应用具有重要意义。用于全身抗凝血时，一般剂量为大白鼠：2.5 ~ 3.0 mg/200 ~ 300 g 体重；家兔：10 mg/kg 体重；狗：5 ~ 10 mg/kg 体重。

2. 草酸盐合剂

草酸盐、柠檬酸盐可以与血液中的 Ca^{2+} 形成螯合物，而除去血液中的 Ca^{2+}，使凝血酶原不能激活。所以，此抗凝药最适合做红细胞比容测定。

3. 枸橼酸钠

常配成 3% ~5% 的水溶液，也可直接做成粉剂。每毫升血加 3 ~ 5 mg，即可达到抗凝的目的。

（彭丽花）

第五章　实　验

第一节　动物实验

实验一·坐骨神经－腓肠肌标本的制备

【知识点链接】

蟾蜍和蛙的一些基本生命活动规律与温血动物相似，而且维持其离体组织正常活动所需的理化条件比较简单，易于建立和控制，因此被广泛用于生理学科研和实验教学中。在实验中常用蟾蜍或蛙的坐骨神经－腓肠肌标本来观察兴奋与兴奋性、刺激与肌肉收缩等基本生命现象和过程，为医学生未来从事基础医学研究提供了重要的实践机会。

【实验目的】

学习机能学实验基本的组织分离技术；掌握坐骨神经－腓肠肌标本的制备技能，并获得兴奋性良好的标本。

【实验原理】

蛙类的一些基本生命活动和生理功能与恒温动物相似，若将蛙的神经－肌肉标本放在任氏液中，其兴奋性在几个小时内可保持不变。若给神经或肌肉一次适宜刺激，可在神经和肌肉上产生一次动作电位，肉眼可看到肌肉收缩和舒张一次，表明神经和肌肉产生了一次兴奋。

【实验材料】

(1)实验对象：蟾蜍或蛙。

(2)实验器材与试剂：蛙手术剪、眼科镊(或尖头无齿镊)、金属探针、玻璃分针、蛙板、蛙钉、细线、培养皿、滴管、锌铜弓、电刺激器；任氏液。

【实验方法与步骤】

标本制作方法：

1. 破坏脑和脊髓

取蟾蜍一只，用自来水冲洗干净。左手握住蟾蜍，用示指按压其头部前端，拇指按压背部，右手持探针于枕骨大孔处垂直刺入，然后向前通过枕骨大孔刺入颅腔，左右搅动充分捣毁脑组织。然后将探针抽回至进针处，再向后刺入脊椎管，反复提插捣毁脊髓。此时如蟾蜍四肢松软，呼吸消失，表明脑和脊髓已完全破坏，否则应按上法反复进行(图5－1)。

2. 剪除躯干上部及内脏

在骶髂关节水平以上 1 ~ 2 cm 处剪断脊柱，左手握住蟾蜍后肢，用拇指压住骶骨，使蟾蜍头与内脏自然下垂，右手持普通剪刀，沿脊柱两侧剪除一切内脏及头胸部，留下后肢、骶骨、脊柱以及紧贴于脊柱两侧的坐骨神经。剪除过程中注意勿损伤坐骨神经（图 5 – 2，图 5 – 3）。

3. 剥皮

左手握紧脊柱断端（注意不要握住或压迫神经），右手握住其上的皮肤边缘，用力向下剥掉全部后肢的皮肤。把标本放在盛有任氏液的培养皿中。将手及用过的剪刀、镊子等全部手术器械洗净，再进行下面步骤（图 5 – 4）。

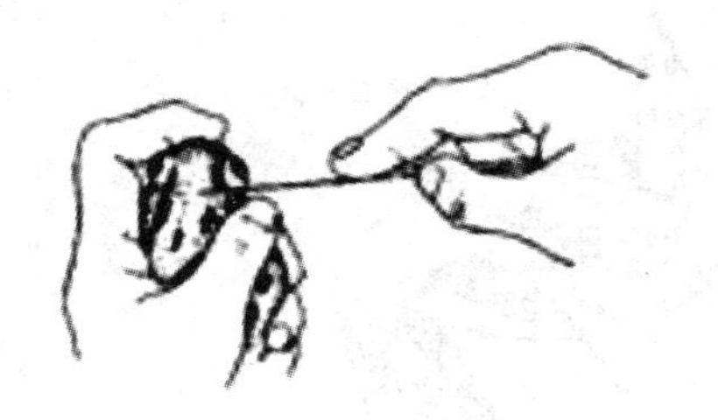

图 5 – 1　破坏蛙脑和脊髓

图 5 – 2　横断脊柱

图 5 – 3　剪除躯干上部及内脏

图 5 – 4　剥皮

4. 分离两腿

用镊子夹住脊柱将标本提起，背面朝上，剪去向上突起的尾骨（注意勿损伤坐骨神经）。然后沿正中线用剪刀将脊柱和耻骨联合中央劈开两侧大腿，并完全分离；注意保护脊柱两侧灰白色的神经。将两条腿浸入盛有任氏液的培养皿中。

5. 制作坐骨神经 – 腓肠肌标本

取一条腿放置于蛙板上或置于蛙板上的小块玻璃板上。

(1)游离坐骨神经：将腿标本腹面朝上放置。用玻璃分针沿脊柱旁游离坐骨神经，并于近脊柱处穿线结扎神经。再将标本背面朝上放置，把梨状肌及其附近的结缔组织剪去。循坐骨神经沟(股二头肌与半膜肌之间的裂缝处)，找出坐骨神经的大腿段。用玻璃分针仔细剥离，然后从脊柱根部将坐骨神经剪断，手执结扎神经的线将神经轻轻提起，剪断坐骨神经的所有分支，并将神经一直游离至腘窝。

(2)完成坐骨神经小腿标本：将游离干净的坐骨神经搭于腓肠肌上，在膝关节周围剪掉全部大腿肌肉，并用普通剪刀将股骨刮干净。然后从股骨中部剪去上段股骨，保留的部分就是坐骨神经小腿标本(图 5－5)。

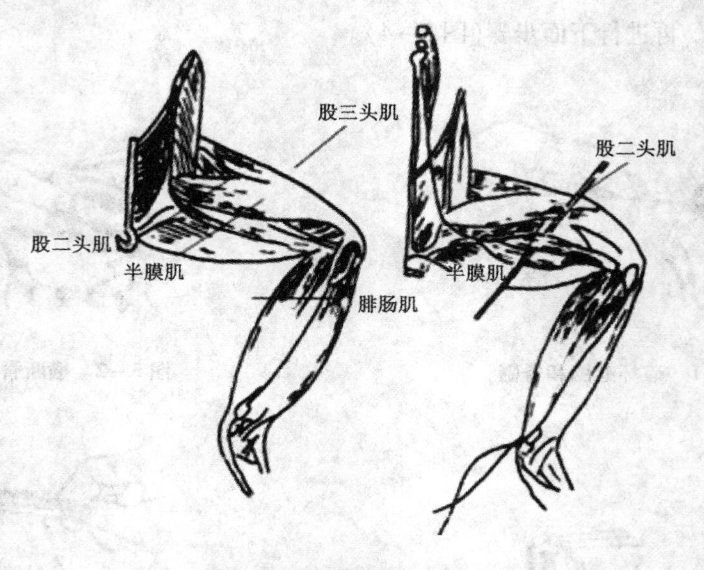

图 5－5　坐骨神经小腿标本

(3)完成坐骨神经－腓肠肌标本：将上述坐骨神经小腿标本在跟腱处穿线结扎后，于结扎处远端剪断跟腱。游离腓肠肌至膝关节处，然后从膝关节处将小腿其余部分剪掉，这样就制得一个具有附着在股骨上的腓肠肌并带有支配腓肠肌的坐骨神经的标本(图 5－6)。

6. 检查标本兴奋性

用经任氏液湿润的锌铜弓轻轻接触一下坐骨神经，如腓肠肌发生迅速而明显的收缩，则表明标本的兴奋性良好，即可将标本放在盛有任氏液的培养皿中，以备实验用。若无锌铜弓，也可用中等强度单个电刺激测试神经肌肉标本的兴奋性。

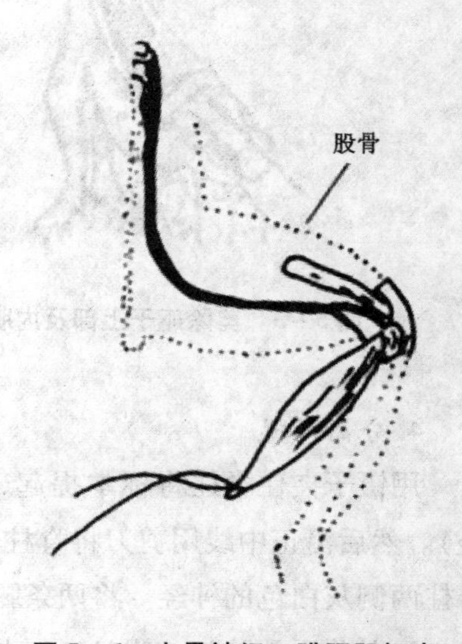

图 5－6　坐骨神经－腓肠肌标本

【注意事项】

(1)操作过程中，勿污染、压榨、损伤、过度牵拉神经和肌肉。

(2)经常给神经肌肉上滴加任氏液，防止表面干燥，以保持其正常兴奋性。

【实验结果】

【结果分析】

【结论】

【实验体会】

【实验成绩】

【实验指导老师签字】

【实验日期】

【思考题】

(1)你制备的坐骨神经－腓肠肌标本兴奋性如何？有哪些操作体会？

(2)坐骨神经与腓肠肌标本有何关系？

(马　玲)

实验二·刺激与反应

【知识点链接】

(1)生命活动的基本特征包括：新陈代谢、兴奋性、生殖和适应性。

(2)刺激：能为人体感受并引起组织细胞、器官和机体发生反应的内外环境变化。

1)刺激包括：物理性刺激(包括机械、温度、振动、射线、压力等)；化学性刺激(酸、碱、离子、药物等)；生物性刺激(如细菌、病毒等)等。在生理学实验中，应用的最多的是电刺激。

2)机体或组织细胞发生反应，除能被机体或组织细胞感受外，还必须具备以下条件：

①足够的强度；

②足够的作用时间；

③强度的时间变化率。

(3)反应：细胞或机体感受刺激后所发生的功能活动的改变称为反应。如肌肉收缩、神经传导、腺体分泌等。反应有两种形式：

1)兴奋：是指由相对静止变为活动状态，或者功能活动由弱到强。

2)抑制：由活动状态变为相对静止、或功能活动由强变弱。

(4)兴奋性：指活的机体或组织细胞对刺激发生反应的能力。

(5)衡量兴奋性高低的指标是阈值。阈值的大小与兴奋性高低呈反变关系，阈值小表明兴奋性高，阈值大表明兴奋性低。

(6)强度等于阈值的刺激称为阈刺激，强度大于阈值的刺激称为阈上刺激，阈刺激和阈上刺激都能引起组织发生反应，所以是有效刺激，而单个阈下刺激则不能引起组织的反应。

【实验目的】

观察刺激与反应之间的关系，验证组织的兴奋性。

【实验原理】

活的组织具有兴奋性，能接受刺激发生反应。各种刺激只要达到一定的强度和作用一定的时间成为有效刺激时，都可引起组织发生反应，神经的反应形式是传导兴奋，肌肉的反应形式是收缩。

【实验材料】

(1)实验对象：蟾蜍或蛙。

(2)实验器材与试剂：肌槽、BL－420 生物功能实验系统、电刺激器、铁支架、培养皿、大头针、蛙解剖器械、食盐结晶；任氏液。

【实验方法与步骤】

(1)制作坐骨神经腓肠肌标本(见实验一)，制备好浸于任氏液数分钟后备用。

(2)安放标本：将坐骨神经腓肠肌标本安装于肌槽上，神经置于肌槽的刺激电极上，股骨残端固定于肌槽的小孔内。腓肠肌跟腱的结扎线与张力换能器相连，将张力换能器固定于铁支架的双凹夹上，暂不拉紧结扎线。

(3)调整记录装置：张力换能器的插头插入 BL－420 生物功能实验系统的一信号输入插座，描记腓肠肌的收缩曲线。调零后进入记录状态。

(4)观察项目

1)电刺激：给予坐骨神经单个电刺激，其强度由弱到强，观察有何变化。

2)机械刺激：用镊子尖在靠近脊柱外迅速夹一下神经，观察有何变化。

3)温度刺激：用镊子夹住大头针，放在乙醇灯上加热，迅速用加热的大头针接触神经，观察有何变化。

4)化学刺激：用少量的食盐结晶放置于神经或者肌肉上，观察有何变化。

【注意事项】

(1)各仪器应妥善接地，仪器之间、标本与电极之间应接触良好。

(2)制备标本时，神经纤维应尽可能长一些，将附着于神经干上的结缔组织膜及血管清除干净，但不能损伤神经干。

(3)经常滴加任氏液，保持神经标本湿润，但要用滤纸片吸去神经干上过多的任氏液。

(4)刺激应从坐骨神经脊柱端开始，必要时向肌肉端移动。

【实验结果】

【结果分析】

【结论】

【实验体会】

【实验成绩】

【实验指导老师签字】

【实验日期】

【思考题】

(1)组织的兴奋性与刺激有何关系?

(2)刺激引起组织发生反应必须具备哪些条件?

(3)刺激坐骨神经引起腓肠肌收缩的详细机制是什么?

(马 玲)

实验三·神经干动作电位的引导

【知识点链接】

1. 动作电位的概念

可兴奋细胞收到一个有效刺激后，在静息电位的基础上产生的一次迅速可扩布的电位变化。

2. 动作电位的波形(图 5－7)

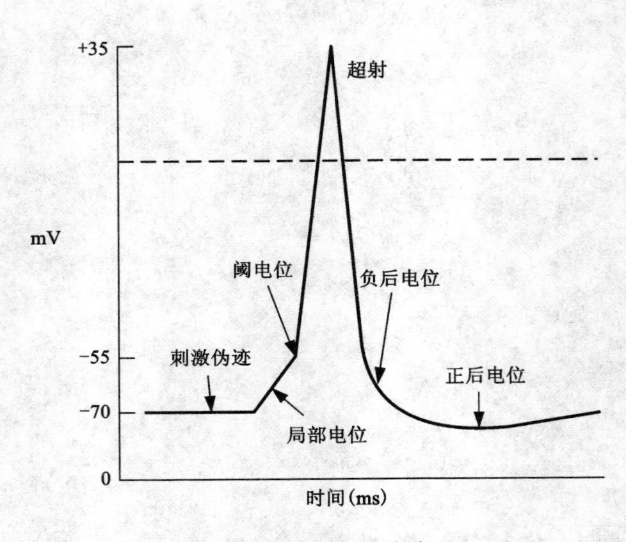

图 5－7　动作电位的波形

3. 动作电位的产生机制

上升支：在静息电位的基础上，细胞受刺激时，膜对 Na^+ 通透性突然增大，由于细胞膜外高 Na^+，且膜内静息电位时原已维持着的负电位也对 Na^+ 内流起吸引作用→Na^+ 迅速内流→先是造成膜内负电位的迅速消失，但由于膜外 Na^+ 的较高浓度势能，Na^+ 继续内移，出现超射。故动作电位的上升支是 Na^+ 快速内流造成的。

下降支：由于 Na^+ 通道激活后迅速失活，同时电压门控性 K^+ 通道开放，细胞外高 K^+，在电－化学梯度的作用下→K^+ 迅速外流。故峰电位的下降支是 K^+ 外流所致。

4. 动作电位的特点

(1)“全或无”；

(2)不衰减性传导；

(3)不能融合，呈脉冲式。

5. 动作电位的生理意义

动作电位是可兴奋细胞兴奋的标志，是肌细胞收缩、腺细胞分泌等功能活动的基础。

【实验目的】

学会离体神经干标本的制备技术，观察坐骨神经干动作电位的基本波形，学习电生理实验的基本方法。

【实验原理】

在生理学实验中，特别是一些细胞水平的研究实验，常用蛙或蟾蜍的坐骨神经干标本来观察神经干动作电位的产生与传导，可兴奋组织对刺激的兴奋反应，首先为电活动的变化，即产生动作电位。本实验采用的是细胞外记录方法来引导神经干动作电位，采用电刺激器，产生一定参数的电刺激，通过刺激电极施加到坐骨神经干上，再用引导电极将信号引入生理记录分析处理系统，经放大后就可在计算机显示器上观察到施加电刺激后坐骨神经干所发生的现象。

【实验材料】

(1)实验对象：蟾蜍或蛙。

(2)实验器材：BL－410 生物功能实验系统，神经标本屏蔽盒，蛙类手术器械，烧杯，滴管，棉球，任氏液。

【实验方法与步骤】

1. 制备坐骨神经干标本

(步骤(1)～(5)同实验一，详见实验一有关内容)

(1)破坏脑和脊髓。

(2)剪除躯干上部及内脏。

(3)剥皮。

(4)分离两腿。

(5)游离坐骨神经。

(6)分离腓神经(或胫神经)：当坐骨神经游离到膝关节腘窝处后再向下继续分离，在腓肠肌两侧肌沟内，找到胫神经和腓神经，剪去任一分支，分离保留的另一分支直至踝关节以下。

(7)完成神经干标本：用线分别在神经干的脊柱端和足趾端结扎，在结扎的远端剪断神经，即制成坐骨神经－腓神经标本或坐骨神经－胫神经标本，标本全长需在 8 cm 以上，将制备好的神经干标本浸泡于任氏液中备用。

2. 实验装置与仪器连接

(1)用导线将神经标本屏蔽盒与 BL－生物功能实验系统连接好：BL－420 生物功能实验系统的刺激输出导线(＋)端接标本盒的 S1，(－)端接标本盒的 S2；BL－420 第一通道输入导线的(－)端标本盒的 R1，(＋)端接标本盒的 R2，地线接标本盒的地线；BL－420 第二通道输入导线(－)端接标本盒的 R3，(＋)端接标本盒 R4，地线接标本盒的地线。

(2)安放神经干标本：用浸有任氏液的棉球擦拭神经标本屏蔽盒内所有的电极，然后用镊子夹持已制备好的神经干标本两端的线头，将标本安放在电极上，注意应将神经干的中枢端安放在刺激电极上，而将外周端安放在引导电极上。

【观察项目】

(1)启动 BL－420 生物功能实验系统：打开计算机，BL－420 生物功能实验系统主界面→实验项目(单击)→肌肉神经实验(单击)→神经干动作电位的引导，系统将自动把生物信号输入通道设为一通道，采样率为 20000Hz，扫描速度 0.625 ms/div，增益为 200 倍，时间常数为 0.01s，滤波为 10 kHz；刺激参数为：单刺激，波宽 0.05 ms，强度为 1.0v，延时 5 ms。

(2)用鼠标左键单击“刺激”按钮一次，屏幕上应出现一次动作电位的波形。

(3)刺激强度从最小逐渐增大，确定阈刺激和最大刺激；观察在阈刺激和最大刺激之间动作电位幅度的变化；测量最大刺激引起的动作电位的潜伏期、幅度和进程。

(4)实验结果打印：选择“文件”菜单中的“打印”即可。

【注意事项】

(1)制备神经肌肉标本过程中要注意经常给标本滴加任氏液，防止标本干燥，以免影响标本的正常生理活性。

(2)分离神经只能用玻璃分针，同时避免强力牵拉和用力手捏或器械损伤神经。

【实验结果】

【结果分析】

【结论】

【实验体会】

【实验成绩】

【实验指导老师签字】

【实验日期】

【思考题】

何谓动作电位？其产生需要什么条件？

（彭丽花）

实验四·反射弧分析

【知识点链接】

(1)人体生理功能调节方式有神经调节、体液调节和自身调节。其中起主导作用的是神经调节。

(2)神经调节是指神经系统对机体各组织、器官和系统的生理功能所发挥的调节。

(3)神经调节的基本方式是反射，反射是指在中枢神经系统的参与下，机体对内外环境的变化(刺激)发生的有规律的适应性反应。

(4)反射活动的结构基础是反射弧，典型的反射弧由感受器、传入神经、中枢、传出神经和效应器5个部分组成。

(5)人类和高等动物的反射可分为非条件反射和条件反射。

(6)神经调节的特点是：反应迅速、准确、作用部位局限和作用时间短暂。

【实验目的】

分析反射弧的组成部分，证明反射弧的完整性与反射活动的关系。

【实验原理】

动物脊髓与高级神经中枢离断后，可出现“脊髓休克”，待休克过后，仍可进行脊髓反射，反射活动必须有完整的反射弧，反射弧中任何一个部分的解剖结构和生理完整性受到破坏，反射活动就无法完成。

【实验材料】

(1)实验对象：蟾蜍或蛙。

(2)实验器材与试剂：蛙类手术器械1套、铁支架、双凹夹、铁夹、棉球、线、纱布、培养皿、烧杯、滤纸片，药品与试剂：0.5%硫酸、1%硫酸。

【实验方法与步骤】

(1)制备脊蛙，用探针捣毁蛙脑部，保留脊髓，或者用粗剪刀横向伸入口腔，从鼓后缘处剪去颅脑部，保留下颌部分。探针拔出后，以小棉球压迫创口止血。

(2)用铁夹夹住蛙下颌，将蛙悬挂在支架上(图5-8)。待蛙四肢松软后，进行以下实验。注意，每次用硫酸刺激，观察结果后，均应用水清洗。

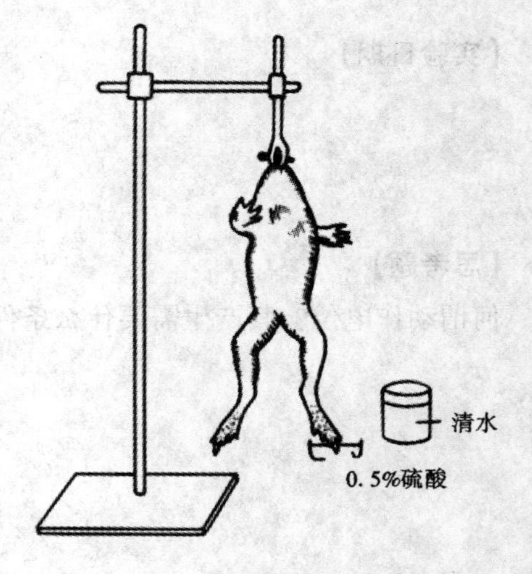

图5-8 反射弧分析

【观察项目】

(1)用培养皿盛0.5%硫酸，刺激蟾蜍右侧足趾皮肤(注意足趾不应触及培养皿)，观察有无屈肌反射(在脊动物的皮肤接受伤害性刺激时，受刺激一侧的肢体出现屈曲的反应，称为屈肌反射)?

(2)在右趾关节上方皮肤作一环状切口，剥掉右足趾皮肤再重复步骤(1)，观察有无屈肌反射发生。

(3)在左侧大腿背侧剪开皮肤，在股二头肌和半膜肌之间找出坐骨神经穿线备用，再按步骤(1)的方法以硫酸溶液刺激左侧足趾皮肤，观察有无反射活动?

(4)剪断神经，重复步骤(3)，观察有无屈肌反射发生?

(5)用1%硫酸滤纸贴于蛙上腹部皮肤，观察有无搔扒反射发生?

(6)用探针插入椎管捣毁脊髓，再重复步骤(5)，观察有无搔扒反射发生?

【注意事项】

(1)剪颅脑部位应适当，太高则部分脑组织保留，可能会出现自主活动。太低则伤及上部脊髓，可能使上肢的反射消失。

(2)每次用硫酸溶液刺激出现反应后，均应迅速用清水洗去蛙趾皮肤上的硫酸，以免皮肤受伤。清洗后应沾干水渍，防止再刺激时硫酸被稀释。蛙趾每次接触硫酸的深度应一致。

【实验结果】

【结果分析】

【结论】

【实验体会】

【实验成绩】

【实验指导老师签字】

【实验日期】

【思考题】

实验过程中破坏了反射弧的哪几部分？哪个部分没破坏？为什么？

（罗江南）

实验五·影响血液凝固的因素

【知识点链接】

（1）将新鲜血液经抗凝处理后，置于离心管中离心，可见离心管中血液分三层，上层淡黄色的液体为血浆，下层深红色不透明的为红细胞，血浆和红细胞之间一薄层灰白色的是白细胞和血小板。

（2）血液由流动的液体状态变成不能流动的凝胶状态的过程，称为血液凝固，简称血凝。其本质是血浆中的可溶性的纤维蛋白原变成不溶性的纤维蛋白的过程。

（3）血清：血液凝固后，血凝块发生回缩，析出的淡黄色液体称为血清。

血清与血浆的主要区别是血清中没有纤维蛋白原和某些凝血因子，但增添了凝血过程中血小板释放的物质。

（4）血液凝固分为三个基本步骤：①凝血酶原激活物的生成；②在凝血酶原激活物的作用下，凝血酶原转变为凝血酶；③在凝血酶的作用下，纤维蛋白原转变为纤维蛋白。

根据凝血酶原激活物形成的途径不同，可将凝血分为内源性凝血途径和外源性凝血途径两条途径。二者主要区别在于：①启动方式不同：内源性凝血途径通过激活凝血因子Ⅻ启动；外源性凝血途径是由组织因子（Ⅲ）暴露于血液启动。②参与的凝血因子不同：内源性凝血途径参与的凝血因子数量多，且全部来自血液，外源性凝血途径参与的凝血因子少，且需要有组织因子的参与。③外源性凝血途径比内源性凝血途径的反应步骤少，速度快。

【实验目的】

熟悉影响血液凝固的若干因素，加深理解血液凝固机制。

【实验原理】

血液凝固是一复杂酶促反应过程，最终使可溶性的纤维蛋白原转变为不溶性的纤维蛋白。参与血液凝固的物质统称为凝血因子，去除或加入某一凝血因子可起抗凝或促凝作用。

【实验材料】

（1）实验对象：家兔。

（2）实验器材与试剂：哺乳动物手术器械1套、离心机、试管、试管架、滴管、烧杯；药品与试剂：草酸钾、3% NaCl溶液、3% $CaCl_2$溶液、0.9% NaCl溶液。

【实验方法与步骤】

（1）制备血清和血浆：将兔麻醉固定后，分离出一侧颈总动脉或股动脉，远心端结扎，近心端用动脉夹夹住，在近心端动脉剪一小口，插入动脉插管，结扎牢固。打开动脉夹，将一部分血液放入盛有草酸钾液的烧杯内摇匀，另一部分血液放入另一烧杯中让其自行凝固，然后将两烧杯内的血液离心后即得到血清和血浆。

(2)制备兔脑液：将兔脑取出，称重后剥去血管和脑膜，放入乳钵中研碎，按每克脑组织加 10 mL 生理盐水混匀，离心后取其上清液即得。

(3)取 4 支试管，标号后按顺序放置于试管架上，按表 5－1 加入试剂后摇匀，并记录时间。

表 5－1 影响血液凝固因素的实验操作

试管号	1	2	3	4
草酸血浆(mL)	0.5	0.5	0.5	
血清(mL)				0.5
3% NaCl 溶液(滴)	2			
0.9% NaCl 溶液(滴)	2	2		
兔脑液(滴)			2	2
3% $CaCl_2$溶液(滴)		2	2	2
血液凝固时间				

(4)每隔 20 秒将试管倾斜一次，观察是否凝固，若凝固，记录凝固时间。

【注意事项】

(1)试管及吸管大小要一致，保证各试管所加液体的量一致。

(2)倾斜试管时要缓慢。

(3)2、3、4 号试管最后同时一起加 3% $CaCl_2$溶液。

【实验结果】

【结果分析】

【结论】

【实验体会】

【实验成绩】

【实验指导老师签字】

【实验日期】

【思考题】

正常情况下，血管内的血液为什么能保持流体状态而不发生凝固？

（罗江南）

实验六·红细胞沉降率试验

【知识点链接】

红细胞的悬浮稳定性是指血液中的红细胞能相当稳定地悬浮于血浆中不易下沉的特性。红细胞能保持悬浮，除血液在血管内不断流动形成层流外，一般认为与红细胞双凹圆碟形的形状有关。双凹圆碟形的红细胞具有较大的表面积与体积之比，红细胞与血浆之间的摩擦阻力较大；此外，红细胞膜表面带负电荷，红细胞之间相互排斥，使彼此分散悬浮而缓慢下降。某些因素使红细胞之间相互排斥力减弱，红细胞之间以凹面相贴重叠在一起，发生缗钱样叠连，称红细胞叠连。这样就会造成红细胞表面积和体积的比值变小，和血浆的摩擦力相对减小，而使血沉增快。临床上某些疾病一般常伴随血沉的变化，如活动性肺结核、肾病综合征、风湿和一些急性感染性疾病等，都可以使血沉加快。因此，测定血沉可以作为对某些疾病诊断的辅助检查。

【实验目的】

观察红细胞沉降现象，了解红细胞沉降率试验的方法。

【实验原理】

红细胞在循环血液中具有悬浮稳定性，但在血沉管中，会因重力逐渐下沉。红细胞的悬浮稳定性通常以红细胞在第一小时末下沉的距离来表示，即红细胞沉降率，简称血沉。用魏氏法测定正常男性为0～15 mm/h，女性为0～20 mm/h。红细胞的悬浮稳定性与血沉呈反变关系，即血沉愈大则表示其悬浮稳定性愈小。

【实验材料】

(1)实验对象：人。

(2)实验器材与试剂：魏氏血沉管、血沉架、2 mL刻度试管、5 mL一次性针管及注射针头、定时钟、3.8%柠檬酸钠溶液、碘伏、消毒棉签。

【实验方法与步骤】

(1)在小试管中加入3.8%柠檬酸钠溶液0.4 mL。用碘伏消毒皮肤，从肘正中静脉取血液2 mL，将血液注入含有抗凝剂的试管中，轻摇试管，使血液与抗凝剂充分混匀。

(2)取干燥魏氏血沉管1支，从试管内吸抗凝血至0刻度处，拭去管口外面的血液，管内不能有气泡混入。将血沉管垂直竖立在血沉架的橡皮垫上，管的上端与弹簧片固定，勿使血液从管下端流出，立即记时。

(3)待1小时末，读取析出血浆高度即红细胞下降的毫米数，即为血沉(mm/h)。

【注意事项】

(1)魏氏血沉管必须标准，内径大时血沉加快，内径小时血沉减慢。试管、血沉管、注射器均应清洁干燥，以防溶血。

（2）血沉架应放置在无直射光、平稳和防震的平台上，血沉管应保持垂直，要求误差控制在1°以内。血沉管倾斜3°血沉会加快30%。实验要在18℃～25℃的环境中进行，温度过高，会降低血液黏度，血沉加快；温度低血沉则减慢。

【实验结果】

【结果分析】

【结论】

【实验体会】

【实验成绩】

【实验指导老师签字】

【实验日期】

【思考题】

(1)红细胞沉降率的改变提示血液的何种理化特性发生了变化?

(2)如何证明影响血沉的因素是血浆而不是红细胞，试解释其原因。

（彭丽花）

实验七·红细胞渗透脆性实验

【知识点链接】

红细胞在低渗盐溶液中发生膨胀破裂的特性称为红细胞的渗透脆性。将正常人红细胞悬浮于一系列浓度递减的低渗 NaCl 溶液中，水将在渗透压的作用下不断渗入红细胞，于是红细胞由正常双凹圆碟形逐渐胀大成为球形红细胞，直至破裂溶血。正常人红细胞一般在 0.46% ~0.42% NaCl 溶液中开始溶血(部分红细胞破裂)，在 0.34% ~0.32% NaCl 溶液中完全溶血(全部红细胞破裂)。这一现象说明红细胞对低渗透溶液具有一定的抵抗能力。抵抗力大则其脆性小，不易破裂溶血，反之则其脆性大，容易破裂溶血。正常红细胞的渗透脆性也有一定差异，如初成熟的红细胞较衰老的红细胞抵抗力大，则脆性小。某些病理情况下(如遗传性红细胞增多症、先天性溶血黄疸)红细胞脆性增大。故临床上测定红细胞的渗透脆性有助于一些疾病的辅助诊断。

【实验目的】

观察红细胞对不同浓度低渗溶液的抵抗力，学习测定红细胞渗透脆性的方法，加深理解红细胞渗透脆性和血浆渗透压相对恒定的意义。

【实验原理】

红细胞内渗透压与周围血浆渗透压相等时才能保持红细胞的正常形态，否则会引起红细胞形态的变化而丧失生理功能。红细胞对低渗溶液具有一定的抵抗力，抵抗力的大小，可用渗透脆性表示，脆性小，则抵抗力大；脆性小，容易破裂。

【实验材料】

(1)实验对象：兔或人。

(2)实验器材：试管、试管架、滴管、75%乙醇、蒸馏水、移液管、1 ~2 mL 注射器、注射针头。

【实验方法与步骤】

(1)取干燥试管 10 支，依次编号排列在试管架上。依据表 5 -2 配置不同的 NaCl 溶液。

表 5 -2　不同浓度的 NaCl 溶液配制表

试管号	1	2	3	4	5	6	7	8	9	10
1% NaCl(mL)	1.80	1.30	1.20	1.10	1.00	0.90	0.80	0.70	0.60	0.50
蒸馏水(mL)	0.20	0.70	0.80	0.90	1.00	1.10	1.20	1.30	1.40	1.50
NaCl 浓度(%)	0.9	0.65	0.6	0.55	0.5	0.45	0.4	0.35	0.3	0.25

（2）如用兔血，可直接做心内穿刺取血或经耳缘静脉取血 1 mL；如用人血，先消毒皮肤后从肘正中静脉取血 1 mL，取血后立即向各试管内注入 1 滴血液，使各试管内的 NaCl 溶液与血液充分混匀，后在室温静置 1 小时。观察红细胞在不同 NaCl 溶液中的反应（表 5－3）。

表 5－3　红细胞在不同浓度 NaCl 溶液中的反应

试管号	1	2	3	4	5	6	7	8	9	10
NaCl 浓度（%）	0.90	0.65	0.60	0.55	0.50	0.45	0.40	0.35	0.30	0.25
管底现象										
液体现象										

（1）完全溶血：管底无红细胞，液体呈透明红色，说明红细胞完全破裂溶血。此时 NaCl 溶液的浓度即代表红细胞对低渗透压的最大抵抗力（表示红细胞的最小脆性）。

（2）不完全溶血：管底有下沉的红细胞，液体呈淡红色，表示红细胞破裂溶血。最先出现部分溶血的 NaCl 溶液的浓度，即代表红细胞对低渗溶液的最小抵抗力（表示红细胞的最大脆性）。

（3）不溶血：管底有下沉的红细胞，液体为无色，表示红细胞未溶解而下沉管底。

【注意事项】

（1）试管编号后，顺序勿放乱。

（2）配制不同浓度的 NaCl 溶液时必须准确。

（3）加入血滴后立即混匀，切勿剧烈振摇。

（4）观察结果时避免摇动试管。

【实验结果】

【结果分析】

【结论】

【实验体会】

【实验成绩】

【实验指导老师签字】

【实验日期】

【思考题】

何谓溶血？

（彭丽花）

实验八 · 出血时间和凝血时间的测定

【知识点链接】

(1)生理性止血：是指小血管损伤后，血液从血管内流出，数分钟后出血自行停止的现象。分为三个步骤：①血管收缩；②血小板血栓的形成；③血液凝固。

(2)出血时间：是指从小血管破损出血起至自行停止出血所需的时间，实际是测量微小血管口封闭所需时间。出血时间测定，可检查生理止血过程是否正常及血小板的数量和功能状态。出血时间的长短与小血管的收缩，血小板的粘着、聚集、释放以及收缩等功能有关。

(3)凝血时间：是指血液流出血管到发生血液凝固所需的时间，测定凝血时间也可从血液本身的功能活动反映生理性止血过程是否正常。

【实验目的】

学习出血时间、凝血时间的测定方法，加深对生理性止血机制的理解。

【实验原理】

出血时间是指从小血管破损出血起至自行停止出血所需的时间，实际是测量微小血管口封闭所需时间。正常人出血时间为 1 ~ 4 分钟，出血时间可反映被检测者的生理性止血功能是否正常。凝血时间是指血液流出血管到出现纤维蛋白细丝所需的时间，正常人凝血时间为 2 ~ 8 分钟，测定凝血时间主要反映有无凝血因子缺乏或减少。

【实验材料】

(1)实验对象：人。

(2)实验器材：采血针、碘伏、棉签、秒表、滤纸条、玻片及大头针。

【实验方法与步骤】

1. 出血时间的测定

以碘伏消毒耳垂或末节指端后，用消毒后的采血针快速刺入皮肤 2 ~ 3 mm 深，让血自然流出。立即记下时间，每隔 30 秒用滤纸条轻触血液，吸去流出的血液，使滤纸上的血点依次排列，直到无血液流出为止，记下开始出血至停止出血的时间。

2. 凝血时间的测定

操作同上，刺破耳垂或指端后，用玻片接下自然流出的第一滴血，立即记下时间，然后每隔 30 秒用针尖挑血一次，直至挑起细纤维血丝止。从开始流血到挑起细纤维血丝的时间即为凝血时间。

【注意事项】

(1)采血针应锐利，让血自然流出，不可挤压。刺入深度要适宜，如果过深，组织受损过重，反而会使凝血时间缩短。

(2)如出血时间超过 15 分钟，应立即终止实验，并进行止血。

(3)采血前可进行局部按摩。

(4)测定凝血时间时，温度不可过高过低，血滴不可过小，针尖挑血，应朝向一个方向横穿直挑，勿多方向挑动和挑动次数过多，以免破坏纤维蛋白网状结构，造成不凝血假象。

【实验结果】

【结果分析】

【结论】

【实验体会】

【实验成绩】

【实验指导老师签字】

【实验日期】

【思考题】

(1)出血时间和凝血时间分别与哪些因素有关?

(2)血小板有何生理功能?

(钟 轶)

实验九·离体蛙心灌流

【知识点链接】

(1)内环境：机体内部细胞直接生存的周围环境，即细胞外液。

(2)稳态：在正常生理情况下，内环境的各种理化性质(如温度、酸碱度、渗透压、各种离子和营养成分浓度等）保持相对稳定的状态。

(3)心肌细胞的生理特性：包括自律性、传导性、兴奋性和收缩性。其中自律性、传导性和兴奋性属于心肌细胞的电生理特性。收缩性则属于机械特性。

(4)兴奋性：机体(如心肌细胞)感受刺激并产生反应(或动作电位)的能力或特性。

(5)自动节律性：组织或细胞在没有外来因素作用下，能够自发地发生节律性兴奋的特性，简称自律性。

(6)兴奋－收缩耦联：将以动作电位为特征的兴奋和以肌丝滑行为特征的收缩联系起来的中介过程。

(7)心交感神经、心迷走神经对心脏的作用：支配心脏的神经有心交感神经和心迷走神经。心交感神经自脊髓胸段发出换元后，节后纤维支配心脏的窦房结、房室交界、房室束、心房肌和心室肌。心交感神经节后纤维末梢释放去甲肾上腺素与心肌细胞膜上的β_1受体结合，导致心率加快、传导加快、心房和心室收缩力加强。这些作用分别称为正性变时、变传导、变力作用。心迷走神经节后纤维支配窦房结、心房肌、房室交界、房室束及其分支。心迷走神经节后纤维释放乙酰胆碱，与心肌细胞膜上的 M 受体结合，导致心率减慢、收缩减弱、传导速度减慢等负性变时、变力和变传导作用。

【实验目的】

(1)学习斯氏(Straub)离体蛙心灌流法。

(2)熟悉内环境中各种离子和药物对离体蛙心活动的影响。

【实验原理】

将离体蛙心(失去神经支配的蛙心)保持在适宜的环境中，在一定的时间内仍然能够保持节律性舒缩活动。心脏正常的节律性活动需要一个适宜的理化环境，离体心脏也是如此，离体心脏由于脱离了机体的神经支配和全身体液因素的直接影响，则可以通过改变灌流液的某些成分，观察其对心脏活动的影响。心肌细胞的自律性、兴奋性、传导性及收缩性，都与钠、钾及钙等离子有关。外源性给予去甲肾上腺素或乙酰胆碱可产生类似心交感神经或迷走神经兴奋时对心脏的作用。

【实验材料】

(1)实验对象：蟾蜍。

(2)实验药品与器材：任氏液、0.65% NaCl 溶液、2% $CaCl_2$ 溶液、1% KCl 溶液、

1∶10000 肾上腺素溶液、1∶10000 乙酰胆碱溶液、3%乳酸溶液、2.5% $NaHCO_3$ 溶液、蛙类手术器械、玻璃蛙心插管、铁支架、蛙心夹、张力换能器、BL－420 生物功能实验系统。

【实验方法与步骤】

1. 离体蛙心标本制备

(1)破坏蛙脑和脊髓：左手持蟾蜍，腹部以下连同上肢握于手中，小指在下压住其双下肢(夹在小指和无名指之间)，用拇指压住背部，用示指向下压住吻部，使头与躯体成一定角度，充分暴露枕骨大孔部。用探针针尖沿头背部正中向下滑动，在两侧耳后缘连线前约 3 mm 处可触到一条横沟，将探针于横沟中央处经枕骨大孔向前刺入颅腔，探针向前稍向下左右搅动破坏脑。检验脑已破坏的标志是蟾蜍的角膜反射消失。然后将探针回抽至枕骨大孔，再转向后方插进椎管，边向尾椎推进边捻转，以损毁脊髓。如果脊髓功能被完全破坏，则动物的四肢瘫软。

(2)暴露蛙心脏：将其仰卧位固定在蛙板上，在胸骨下方夹起皮肤，用粗剪刀剪一小口。再用镊子提起胸骨，将剪刀伸入胸腔内(剪刀紧贴胸壁，勿伤及心、血管)向两侧下颌角方向，连同皮肤、肌肉和骨骼一起剪开，形成一“倒三角形”，创口。此时，可见心在心包内搏动，用眼科镊子夹起心包膜，用眼科剪将其剪开，充分暴露心脏。

(3)插蛙心插管：先用丝线分别结扎右主动脉，左、右肺静脉，前、后腔静脉。也可在心脏的下方绕一丝线，将上述血管一起结扎，但一起结扎时须特别小心，切勿损伤静脉窦，引起心脏停搏。所以结扎时，应用蛙心夹于心舒期夹住心尖，手提蛙心夹上连线将心脏轻轻提起，看清楚后再结扎。然后准备插管，在左主动脉下穿一丝线，打一松结，用眼科剪在左主动脉上向心剪一小斜口，让心腔内的血尽可能流出(以免插管后血液凝固)。用任氏液将流出的血冲洗干净后，把装有任氏液的蛙心插管插入左主动脉，插至主动脉球后稍稍退出，再将插管沿主动脉球后壁向心室中央方向插入，经主动脉瓣插入心室腔内(图 5－9)。当插管内的液面随心搏上下移动时，说明插管已插入心室腔内。将预先打好的松结扎紧，并将线固定在插管壁上的玻璃小钩上。用滴管吸去插管中的液体，更换新鲜的任氏液，小心提起插管和心脏。

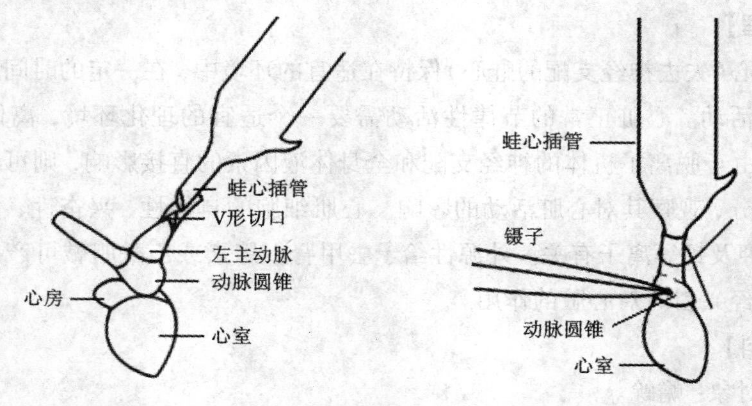

图 5－9 斯氏(Straub)离体蛙心插管示意图

(4)游离蛙心：看清在上述血管结扎线处的下方剪去血管和所有牵连的组织，将心脏摘出。用任氏液反复冲洗心室内余血，使灌流液不再有血液。保持插管内液面高度恒定(1.5～2 cm)，即可进行实验。

2. 连接实验装置

把蛙心插管固定在铁支架上，通过夹住心尖的蛙心夹及其连线，将心脏的舒缩活动所产主的张力变化传递给张力换能器的受力片上，连线应保持垂直，松紧适当。然后将张力换能器输出线连接至 BL－420 生物功能实验系统(图 5－10)。

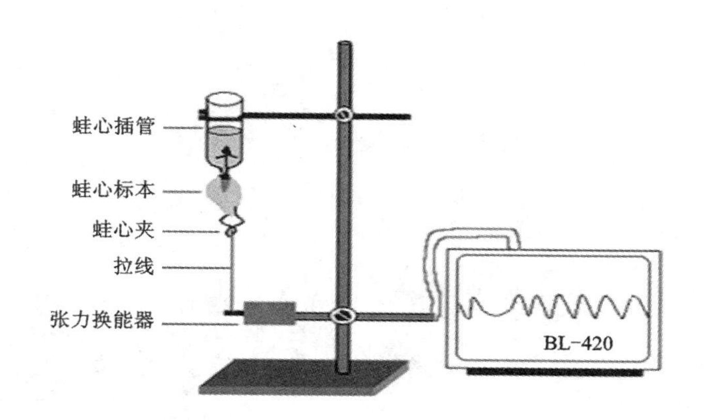

图 5－10　离体蛙心灌流实验装置示意图

3. 软件操作

打开计算机，进入 BL－420 生物功能实验系统操作界面，单击“实验”菜单，依次选择“实验项目”→“循环实验”→“离体蛙心灌流”，编辑标记条，做好每一步标记。

【观察项目】

(1)描记正常心搏曲线。注意观察心搏频率、心室的收缩和舒张程度。

(2)将插管内任氏液全部吸出，更换为0.65% NaCl 溶液，观察心搏曲线的变化。当曲线出现明显变化时，立即更换新鲜任氏液，冲洗 2～3 次，使其恢复正常。

(3)加入 2% $CaCl_2$ 溶液 1～2 滴，观察并记录心搏曲线的变化。换液同前。

(4)加入 1% KCl 溶液 1～2 滴，观察并记录心搏曲线的变化。换液同前。

(5)加入 1∶10000 肾上腺素溶液 1～2 滴，观察并记录心搏曲线的变化。换液同前。

(6)加入 1∶10000 乙酰胆碱溶液 1～2 滴，观察并记录心搏曲线的变化。换液同前。

(7)加入 3% 乳酸溶液 1～2 滴，观察心搏变化。

(8)当步骤(7)出现明显变化时，立即向插管中加入 2.5% $NaHCO_3$ 溶液 1～2 滴，观察其恢复过程，然后换液。

【注意事项】

(1)心室插管时不可硬插，以免戳穿心壁；摘出心脏时，勿损伤静脉窦。

(2)每次加药，心搏曲线出现变化后立即将插管内液体吸出。

(3)蛙心插管内的液面应保持相同的高度，以免影响结果。

(4)张力换能器挂钩端应稍向下倾斜，以免液体进入换能器。

(5)各种试剂的滴管不要混淆，以免影响实验结果。

(6)随时用任氏液润湿蛙心。

【实验结果】

【结果分析】

【结论】

【实验体会】

【实验成绩】

【实验指导老师签字】

【实验日期】

【思考题】

(1)在任氏液中加入1% KCl溶液灌注蛙心时，心搏曲线将出现什么变化？为什么？

(2)试述肾上腺素与去甲肾上腺素对心血管的作用有何不同？

(吴起清)

实验十·期前收缩和代偿间歇

【知识点链接】

(1)兴奋性：机体感受刺激并产生反应(或动作电位)的能力或特性。

(2)心肌兴奋后其兴奋性周期变化及特点：心肌细胞在一次兴奋过程中，膜电位将发生一系列有规律的变化。其变化可分为以下几个期：有效不应期，相对不应期，超常期。心肌兴奋后其兴奋性变化的显著特点是有效不应期特别长，约相当于心动周期的整个收缩期和舒张早期。

1)有效不应期：从动作电位 0 期开始到复极 3 期膜电位达 -60 mV。这段时间里，无论再给它一个多强的刺激，都不能引起再次兴奋，此期钠通道完全失活或大部分没有恢复到备用状态。

2)相对不应期：从复极化 -60 mV 至 -80 mV 这段时间内，若给予心肌细胞一个阈上刺激，可以产生动作电位，此期钠通道活性逐渐恢复，但兴奋性仍低于正常。

3)超常期：从复极化 -80 mV 至 -90 mV 这段时间里，钠通道已基本恢复到备用状态，且与阈电位之间差距小于正常，阈下刺激就可引起心肌细胞产生动作电位，兴奋性超过正常。

(3)期前收缩：正常情况下，心脏的活动受窦房结产生和传出的兴奋控制。如果在心室的有效不应期之后、下一次窦房结兴奋到达前，心室受到一次“额外”刺激，就会提前产生一次兴奋和收缩，称之为期前兴奋和期前收缩。

(4)代偿间歇：如果窦房结发出的兴奋紧接在期前收缩之后到达，则恰好落在心室期前收缩的有效不应期内，就不能引起心室产生收缩。因此，在一次期前收缩之后，伴有一段较长的心室舒张期，称为代偿间歇。

【实验目的】

(1)学习在体蟾蜍心脏活动的描记方法。

(2)通过观察期前收缩和代偿间歇，熟悉心脏在兴奋过程中兴奋性的周期性变化，并加深对心脏兴奋性特点及生理意义的理解。

【实验原理】

心肌的兴奋性随心动周期发生系列性变化，依次经历有效不应期、相对不应期和超常期。心肌兴奋后其兴奋性变化的显著特点是有效不应期特别长，约相当于心动周期的整个收缩期和舒张早期。在此时期内，无论给予心肌以多么大的刺激，均不会引起心肌发生新的兴奋和收缩。而在其后的相对不应期给予心肌一次阈上刺激，则可以在正常节律性兴奋到达心室之前，引起一次扩布性的兴奋和收缩，即“期前收缩”。期前收缩也有自已的有效不应期，紧接期前收缩后的窦房结(两栖类为静脉窦)下传的正常节律性兴奋传到心室时，恰好落在期前收缩的有效不应期内，则不能引起心室的兴奋和收缩，形成一次“脱失”。直到下一次窦房结的兴奋传到心室时，才能引起心室兴奋和收缩。因此，在一次期前收缩之后，往往出现一段较长的心室舒张期，即代偿间歇。

本实验通过观察在心脏活动的不同时期给予人工控制的刺激，以验证心肌兴奋性周期性变化的特征。

【实验材料】

（1）实验对象：蟾蜍或蛙。

（2）实验药品和器材：任氏液、BL－420生物功能实验系统、张力换能器、双极刺激电极、蛙类手术器械、铁支架、双凹活动夹、棉线、蛙板、蛙心夹、玻璃小烧杯、滴管等。

【实验方法与步骤】

1. 暴露心脏

取蟾蜍或蛙1只，用探针破坏其脑和脊髓后，将蛙仰卧固定在蛙板上，用粗剪刀于胸骨下方2 cm处剪开胸骨表面皮肤，以镊子提起胸骨剑突，并用剪刀向胸骨上做一V字形切口，剪断左右锁骨，使创口成一个倒三角形，即可见心脏包在心包中。用眼科镊提起心包，用眼科剪小心剪开心包膜，充分暴露出心脏。

2. 连接实验装置，安放标本

在心室舒张期用连线的蛙心夹夹住心尖约1 mm，将线的另一端穿过张力换能器悬梁臂的小孔后系紧，调节张力换能器在铁支架的上下位置，使连接蛙心夹与换能器之间的连线松紧适宜，然后将张力换能器的信号输入至BL－420生物功能实验系统的通道1。

3. 连接电刺激装置

将双极刺激电极接触心脏，固定于铁支架上，使心室无论收缩或舒张均与刺激电极的两极接触。或将两电极分别夹在前肢肌肉和蛙心夹上，将电极连入生物功能实验系统的刺激输出接口（图5－11）。其系统参数设置为：

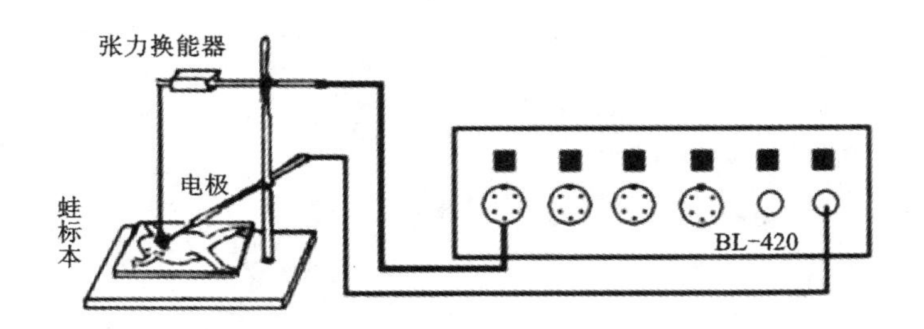

图5－11　在体蛙心期前收缩实验装置示意图

（1）采样间隔1～5 ms；连续记录显示模式。

（2）第一通道放大倍数200～500、高频滤波选择“无”。

（3）刺激器刺激方式选择“单刺激”，刺激波宽1～5 ms，刺激强度3V。

4.软件操作

打开计算机，进入生物功能实验系统操作界面，单击“实验”菜单，依次选择“实验项目”→“循环实验”→“期前收缩与代偿间歇”。

【观察项目】

(1)描记正常心搏曲线，测算心动周期时程，注意辨认曲线的收缩相和舒张相。

(2)用中等强度(电压：3V)的单个阈上刺激，分别在心室舒张期的早、中、晚期刺激心室(注意每刺激一次后，要待恢复几个正常心搏曲线之后再行第2次刺激)。观察心搏曲线有何变化？注意能否引起期前收缩，它的后面是否出现代偿间歇？

(3)以上述同等刺激强度的电刺激，在心室收缩期给予心室一次刺激，观察心搏曲线有否改变，如增加刺激强度，在心缩期再给予一次刺激，心搏曲线有否发生改变？为什么？

【注意事项】

(1)实验过程中经常用任氏液湿润心脏，以防干燥。

(2)连接蛙心夹和张力换能器的线要垂直，且紧张度适当。

(3)每刺激一次心室后，要让心脏恢复正常搏动后(必须间隔3个以上的正常心动周期)，再行下一次刺激，以便对照。

(4)选择适当的阈上刺激强度时，可先用刺激电极刺激蟾蜍的腹壁肌肉，以检测强度是否适宜。

【实验结果】

【结果分析】

【结论】

【实验体会】

【实验成绩】

【实验指导老师签字】

【实验日期】

【思考题】

(1)期前收缩和代偿间歇是怎样产生的?

(2)心肌有效不应期长有何生理意义?

(吴起清)

实验十一·心输出量的影响因素

【知识点链接】

(1)心输出量：每分钟一侧心室射出的血量称为每分输出量，简称每分心输出量，等于每搏输出量与心率的乘积。

(2)影响心输出量的因素

1)前负荷：在一定范围内，心肌的前负荷(心室舒张末期容量)增加→心肌的初长度增加→心肌收缩力增强→每搏输出量增加。

若前负荷过大，心肌收缩力反而减弱。

2)后负荷：心室等容收缩期延长，后负荷(动脉血压)升高→射血期缩短，射血速度↓减慢→搏出量减少；反之则相反。

3)心肌收缩能力：指心肌不依赖于前、后负荷而能改变其力学活动的一种内在特性。

心肌收缩能力提高→搏出量增加；心肌收缩能力下降→搏出量减少。

4)心率：在一定范围内，心率加快则心输出量增加；若心率超过180次/min或低于40次/min，心输出量减少。

【实验目的】

利用离体灌流蟾蜍心脏，观察改变心率和心室前、后负荷及药物对心输出量的影响。

【实验原理】

心输出量是衡量心功能的直接指标，每分输出量取决于每搏输出量的多少和心率的快慢。在一定范围内，随着心率增加，心输出量也增加。但心率过快，心舒期缩短，心脏充盈量不足，心输出量反而减少。每搏输出量则受前负荷(即心室舒张末期充盈量)、后负荷(心肌收缩后所遇到的阻力即大动脉血压)和心肌收缩性能的影响。

【实验材料】

(1)实验对象：蟾蜍或蛙。

(2)实验器材与试剂：蛙类手术器械、阻力管、万能支架、恒压管、玻璃梯度管、搪瓷杯、烧杯、10 mL量筒、棉花、线、尺、任氏液、1∶10000肾上腺素、1∶10000乙酰胆碱。

【实验方法与步骤】

(1)破坏蟾蜍脑和脊髓，将蟾蜍仰卧固定于蛙板上，打开胸腔，暴露心脏，用镊子提起心包膜，仔细用剪刀将其剪开。

(2)分离左、右侧主动脉并在其下穿线，绕该动脉作一松结，以备结扎插管之用。

(3)下腔静脉插管：用玻璃针穿在主动脉下面，把心脏倒翻向头部，这时就能看到静脉窦与下腔静脉。用镊子将连在下腔静脉上的多余的心包膜剪去(必须住意，膜与下腔静脉的交界处不很明显，剪去时不可损及静脉)。仔细识别下腔静脉。依靠镊子将一根用任氏液润湿的线穿过下腔静脉的下方，绕该静脉作一松结，以备结扎插管之用。用镊子夹住下腔静脉的少许上壁；用剪刀沿镊子下缘剪一小孔，随即把与恒压管相连的皮管的玻璃插管（事先将皮管以上的夹子打开）插入静脉，并用已穿好备用的线加以结扎（尽量向背部方向打结，勿损伤静脉窦）。

（4）主动脉插管：在主动脉球上方剪一裂口，以使血液尽量流出，将其中—根再穿过主动脉下面，并将两线作结，这样便把除主动脉如下腔静脉以外的全部血管扎住。用镊子夹住右侧主动脉裂口向心端的少许上壁，将玻璃梯度管相连的玻璃管插入主动脉的向心端内，即行结扎。

至此，恒压管中的溶液即可经心脏而由玻璃梯度管的侧管中流出。调整恒压管和玻璃梯度管的位置，使恒压管的侧管口（以下称零点）高于心脏 3 cm，玻璃梯度管的侧管 1 与蟾蜍心脏处于同一水平，塞住侧管 1。在这种情况下，溶液输入心脏时即有一定压力，而心脏的输出溶液就可经过侧管 2 中流出，亦即必须克服一定阻力之后才能流出（侧管 1 到侧管 2 间的水柱压就是心脏的后负荷）。

恒压管流出的液体代表回心血量。如提高恒压管，则液体流量增加，表示回心血量增加；反之，降低恒压管，液体流量即减少，代表回心血量减少。侧管高度代表外周阻力，如将侧管 2 也堵住，使溶液必须由侧管 3 中流出，就表示外周阻力增加。心缩力量的大小，可由每搏所做功来衡量。功的计算公式是：

功 = 水柱高度 × 每搏输出量

其中水柱高度即玻璃梯度管侧管 1 到溶液流出侧管间的距离，每搏输出量可从每分输出量与心跳频率来计算。如水柱高度以厘米为单位、每搏输出量以毫升（克）为单位，则每搏功的单位为克厘米。

【观察项目】

（1）观察前负荷改变时心输出量的变化：固定后负荷于 4 cmH_2O（即开启第 2 侧管），调节万用支架的升降旋扭，使恒压管零点分别高于心脏 3 cm、5 cm 和 8 cm，同时收集每分心输出量，观察有何改变。

（2）观察后负荷改变时心输出量的变化：固定前负荷于 3 cmH_2O，分别松开侧管 2、3、3，同时夹其余各侧管，使灌流液分别从 2、3 和 4 侧管流出，收集每分心输出量，观察有何变化。

（3）观察心肌收缩力改变时心输出量的变化：固定前负荷为 3 cmH_2O，后负荷为 4 cmH_2O（即开启第 2 侧管）。

1）从恒压管侧管加入 1∶10000 肾上腺素 1 ~2 滴后，收集心输出量，记录心率。

2）持续灌流一会儿。待心脏活动恢复正常后，加入 1∶10000 乙酰胆碱 1 ~2 滴，观察心缩力、心率和心输出量有何变化。

【注意事项】

（1）实验过程中，切勿损伤静脉窦。

(2)心脏表面应经常滴加任氏液，保持湿润。

(3)输液皮管内的气泡一定要排尽，才能向心脏输液。

(4)整个实验过程中，管道不要扭曲。

【实验结果】

<table>
<tr><th colspan="2">影响因素</th><th>恒压管高度(cm)</th><th>松开侧管号</th><th>心率(次/min)</th><th>心输出量(mL)</th></tr>
<tr><td colspan="2" rowspan="3">前负荷</td><td>3</td><td>第2</td><td></td><td></td></tr>
<tr><td>5</td><td>第2</td><td></td><td></td></tr>
<tr><td>8</td><td>第2</td><td></td><td></td></tr>
<tr><td colspan="2" rowspan="3">后负荷</td><td>3</td><td>第2</td><td></td><td></td></tr>
<tr><td>3</td><td>第3</td><td></td><td></td></tr>
<tr><td>3</td><td>第4</td><td></td><td></td></tr>
<tr><td rowspan="3">收缩能力</td><td>正常对照</td><td>3</td><td>第2</td><td></td><td></td></tr>
<tr><td>肾上腺素</td><td>3</td><td>第2</td><td></td><td></td></tr>
<tr><td>乙酰胆碱</td><td>3</td><td>第2</td><td></td><td></td></tr>
</table>

【结果分析】

【结论】

【实验体会】

【实验成绩】

【实验指导老师签字】

【实验日期】

【思考题】

(1)结合实验结果讨论改变前、后负荷对心输出量有何影响，其机制如何？

(2)试述肾上腺素、乙酰胆碱对心输出量的影响及其机制。

（钟　轶）

实验十二·哺乳动物动脉血压的调节

【知识点链接】

人体在不同生理状况下，各器官组织的新陈代谢情况不同，对血流量的需要也就不同。机体通过神经调节和体液调节使心血管活动发生相应的变化，维持正常的血压，从而满足各器官组织在不同情况下对血流量的需要。

一、神经调节

（一）心脏的神经支配

1. 心交感神经及其作用

心交感神经支配心脏各个部分。其节后纤维末梢释放去甲肾上腺素，与心肌细胞膜上的 β_1 型肾上腺素能受体结合，对心肌细胞具有兴奋作用，使心率加快，房室传导加速，心肌收缩力增强，即具有正性变时、正性变传导和正性变力作用。

2. 心迷走神经及其作用

心迷走神经节后纤维支配心脏的窦房结、心房肌、房室交界、房室束及其分支；也有少数纤维支配心室肌。

心迷走神经节后纤维末梢释放乙酰胆碱，与心肌细胞膜的 M 型胆碱能受体结合，对心肌细胞具有抑制作用，使心率减慢，房室传导速度减慢，心肌收缩力减弱，即具有负性变时、负性变传导和负性变力作用。

（二）血管的神经支配

体内大多数血管平滑肌只受交感缩血管纤维的单一支配，其节后纤维末梢释放去甲肾上腺素，主要与血管平滑肌细胞膜上的 α 型肾上腺素能受体结合，引起缩血管效应。

（三）心血管中枢

延髓是调节心血管活动的基本中枢。主要有心迷走中枢、心交感中枢、交感缩血管中枢，它们均有紧张性活动，分别称为心迷走紧张、心交感紧张、交感缩血管紧张。

（四）颈动脉窦及主动脉弓压力感受器反射

动脉血压突然升高→颈动脉窦－主动脉弓压力感受器受到的刺激增加→传入冲动增多→延髓心迷走中枢兴奋、心交感中枢和交感缩血管中枢抑制→心迷走神经传出冲动增多、心交感神经和交感缩血管神经传出冲动减少→心脏活动减弱、心输出量减少；血管舒张，外周阻力降低→血压回降。

二、体液调节

（一）去甲肾上腺素和肾上腺素

肾上腺素主要与心肌细胞膜上的 β_1 受体结合，使心率加快，心肌收缩力加强，心输出量增加。临床上常用其制剂作为强心药。肾上腺素既可与皮肤、胃肠道、肾血管壁上的 α 受体结合，使这些血管收缩；又可与骨骼肌、肝脏和冠状血管壁上的 β_2受体结合，引起血管舒张。因此肾上腺素对血管的调节作用是使全身器官的血流分配发生变化，特别是肌肉组织血流量大为增加。而使总的外周阻力变化不大。

去甲肾上腺素可与心肌的 β_1 肾上腺素能受体结合，但较肾上腺素对心脏的作用弱。主要与血管平滑肌上的 α 肾上腺素能受体结合，使全身除冠状动脉以外的血管收缩，尤其是小动脉的强烈收缩，使得外周阻力显著增大，动脉血压明显升高。因此，临床上常用其制剂作为升压药。血压升高又通过压力感受性反射使心率减慢，故整体应用去甲肾上腺素后心率反而稍减慢。

（二）肾素－血管紧张素系统

在血管紧张素的众多成员中，血管紧张素Ⅱ的作用最明显。由于肾素、血管紧张素和醛固酮之间存在着密切的关系，因此提出了肾素－血管紧张素－醛固酮系统这样一个概念。有人认为这一系统对于动脉血压的长期调节具有重要意义。目前，临床上常用血管紧张素转换酶抑制药（开普通）或血管紧张素Ⅱ受体阻滞药治疗高血压。

【实验目的】

（1）学习哺乳类动物急性实验技术以及动脉血压的直接测量方法。

（2）观察神经、体液因素及药物在心血管活动调节中的作用。

【实验原理】

正常情况下，人和哺乳类动物的动脉血压在一定范围内维持相对稳定状态，是神经和体液因素共同调节的结果，尤其是颈动脉窦－主动脉弓压力感受性反射，此反射既可在血压突然升高时降低血压，又可在血压突然降低时升高血压，其传入神经为主动脉神经与窦神经。在人、犬等动物，主动脉神经与迷走神经混为一条，不能分离。而家兔的主动脉神经在解剖上为独立的一条神经，也称减压神经，易于分离和观察其作用。反射的传出神经为心交感神经、心迷走神经和交感缩血管纤维。心交感神经兴奋时，对心脏产生正性变时、变传导、变力作用，使心排血量增加。心迷走神经兴奋时，引起心脏负性变时、变传导、变力作用，从而使心排血量减少。交感缩血管纤维兴奋时，主要引起缩血管效应。

动脉血压主要受到心排血量、外周阻力、循环血量以及大动脉管壁弹性等因素的影响，当这些因素发生变化时，可通过神经和体液因素改变心排血量和外周阻力，使动脉血压发生改变。

出现失血时，回心血量将相应减少，同时心缩力减弱，心排血量减少，血管充盈度下降，血流阻力减小，都可使动脉血压下降。若是少量失血，可以通过机体的调节机制，使血压恢复至正常水平。当大失血时，血压下降较大，超过了机体的调节代偿能力，严重时甚至出现失血性休克。

【实验材料】

（1）实验对象：家兔。

(2)实验药品与器材：20%氨基甲酸乙酯、0.3%肝素、0.9%氯化钠溶液(生理盐水)、1∶10000肾上腺素、1∶10000去甲肾上腺素。哺乳类动物手术器械、兔手术台、恒温灌流盒、BL－420生物功能实验系统、压力换能器、动脉插管、三通管、输尿管导管、直套管、动脉夹、保护电极、注射器、有色丝线等。

【实验方法与步骤】

1. 实验装置连接

用双凹夹将压力换能器固定于铁架台上，将输出端接到计算机的输入通道上。换能器的另一端与动脉插管相连，并用注射器向动脉插管内注入肝素和生理盐水，排除全部气体。然后将生物功能实验系统输出端与保护电极连接，备用。

2. 动物麻醉与固定

用20%氨基甲酸乙酯(1g/kg)，由兔耳缘静脉注射，待兔麻醉后，仰卧固定于兔手术台。

3. 动物手术

(1)气管插管术：沿颈部正中线做长5～7 cm的切口，用止血钳分离皮下组织以暴露胸骨舌骨肌，然后再用止血钳于正中线分离肌肉以暴露气管，在气管下穿一棉线提起气管(穿棉线时应注意将气管与周围的大血管和神经分开)。然后用手术刀或手术剪在气管上作一"⊥"形切口，再将气管插管自切口处向肺方向插入，用棉线扎紧固定以防滑出，气管切口术至此完成。

(2)分离颈部的神经和血管：迷走、交感、减压神经和颈总动脉都位于气管两侧的颈动脉鞘内，因此分离前可先用手指触按气管旁的颈部组织，根据动脉搏动来确定颈总动脉的位置，沿此方向就容易找到颈总动脉。在颈总动脉旁有束神经与其伴行，这束神经中包含有迷走、交感、减压神经。用左手从颈后皮肤外，把一侧颈部组织向上顶起，小心分离颈动脉鞘，仔细识别3条神经，其中迷走神经最粗最白，一般位于外侧，减压神经最细(头发粗细)，一般位于内侧，交感神经为浅灰色，粗细与位置介于上述两神经之间。用玻璃分针先分离减压神经和交感神经，然后分离颈总动脉及迷走神经，每条神经要至少分离出2～3 cm，在各条神经下穿一条经生理盐水浸泡过的不同颜色的丝线，以便区别。颈总动脉下亦穿一条线备用。本实验可分离左侧颈总动脉供插动脉插管用，神经则以分离右侧为宜。右侧颈总动脉亦要分离，准备提拉(或夹闭)时用。在上述手术过程中必须注意及时止血，小血管破裂出血时，则用止血钳夹住出血点并用丝线结扎止血。

(3)插动脉插管(连三通管)：钝性分离左颈总动脉，靠动物头侧的部分尽可能多分离些，并在其远心端穿线结扎，用动脉夹夹住动脉的近心端。在此段血管下穿一条线以备插管插入后结扎用。用眼科剪在尽可能靠近远心端处作一斜形切口，约剪开管径的一半，然后把动脉插管经切口向心脏方向插入动脉，用已穿好的丝线扎紧插入动脉的插管尖端部分，并以同一丝线在插管的侧管上缚紧固定，以防插管从插入处滑出。三通管的一侧记录血压，另一侧连接预先含有适量肝素的生理盐水50 mL注射器，并暂时夹闭导管，以备放血用。

(4)在右侧腹直肌旁做6 cm长的纵行中腹部切口，钝性分离肌肉，打开腹腔后，找出一段游离度较大的小肠袢，轻轻从腹腔拉出，放在微循环恒温灌流盒内，在显微镜下观察肠系膜微循环的情况。

(5)在耻骨联合上剪去兔毛，作下腹部正中切口，长约5 cm。找出膀胱，在膀胱三角区找出双侧输尿管入口，分离双侧输尿管，插入输尿管导管，记录每分钟尿滴数。

(6)股部手术：先在一侧股三角处触摸股动脉的搏动，辨明动脉走向，然后沿其内侧做一切口，用止血钳稍加分离即可见到股动脉、股静脉与股神经(股三角区)。仿照插颈总动脉插管的方法，仔细分离股静脉(2~2.5 cm)，并用丝线把股静脉的远心端结扎，在股静脉的向心端缚一松结，用剪刀在松结下方的静脉管壁上剪一横切口，将直套管经切口向心脏方向插入，扎紧松结，将直套管固定在静脉内。因静脉于远心端结扎后静脉塌陷呈细线状，较难插管，因此可试用静脉充盈插管法，即在股静脉近心端用血管夹夹住(也可用丝线提起)，活动肢体使股静脉充盈，股静脉远心端结扎线打一活扣，待剪一切口插入直套管后，再由助手迅速结扎系紧。插入前，直套管内应预先装满生理盐水，并将橡皮管与灌注瓶或滴定管相连。

4. 仪器调试

打开计算机，进入BL-420生物功能实验系统操作界面，依次进入“菜单条”→“实验项目”(点击)→“循环实验”→“动脉血压调节”项。缓慢打开动脉夹，旋动三通开关使动脉插管与换能器相通。

【观察项目】

(1)观察一段正常血压和心搏曲线、尿滴数和肠系膜微循环，并记录以作对照。

血压曲线有时可以看到三级波(图5-12)：

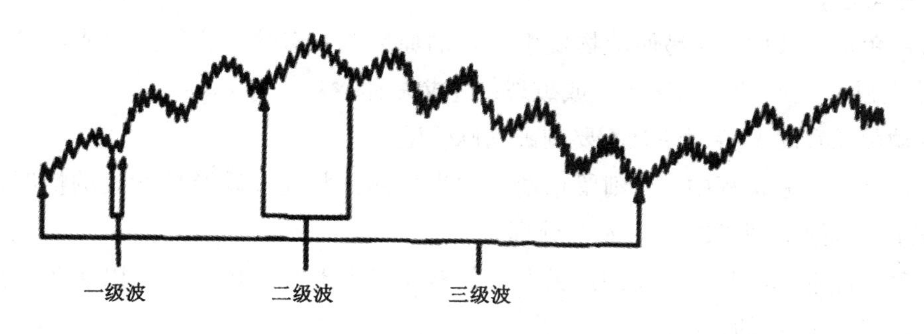

图5-12　兔颈总动脉血压曲线

一级波(心搏波)：是由于心室舒缩所引起的血压波动，心缩时上升，心舒时下降。频率与心率一致。但由于记录系统有较大的惯性，波动幅度不能真实的反映出收缩压与舒张压的高度。

二级波(呼吸波)：是由于呼吸运动引起的血压波动，吸气时上升，呼气时下降。

三级波：不常出现，可能是由于血管运动中枢紧张性的周期性变化所致。

(2)牵拉颈总动脉：手持右颈总动脉远心端上的牵拉线向上牵拉5秒，观察动脉血压变化。注意同时做出刺激标记。

(3)夹闭颈总动脉：用动脉夹夹闭右颈总动脉5~10秒，同时做出刺激标记，观察心搏与血压曲线有何变化。

(4)刺激减压神经：将左侧减压神经结扎、剪断，以中等强度电流连续刺激其中枢端，观察心搏与血压曲线有何变化。

(5)剪断和刺激交感神经对兔耳血管网的影响：首先观察比较左右两耳血管网的数目和充血情况，然后结扎左交感神经，并在结扎线的尾侧剪断该神经，等待片刻后，观察左耳血管网的变化情况。然后用中等强度的重复电脉冲刺激左交感神经的头侧端(外侧端)，再观察左耳血管网的变化情况。撤除刺激后，稍待片刻，再观察左耳血管网的数目和充血情况。

(6)刺激迷走神经：结扎迷走神经，于结扎线头侧将神经剪断，然后用中等强度的电流刺激其外周端，观察血压与心率的变化。

(7)静脉注射肾上腺素和去甲肾上腺素：先后分别由耳缘静脉注入1:10000肾上腺素和1:10000去甲肾上腺素0.2~0.3 mL，分别观察血压与心率的变化。

(8)失血的影响：打开颈总动脉插管与注射器相连的侧管，使血液从颈总动脉流入注射器，一直到血压下降至40 mmHg(5.33 kPa)时即停止放血，观察血压、尿滴数和肠系膜微循环有何变化。

(9)输液的影响：把注射器内的血液回输入动脉，并自股静脉输入适量的生理盐水，观察血压、尿滴数和肠系膜微循环是否恢复。

【注意事项】

(1)用兔进行实验，最易使动物发生死亡的原因为：麻醉药注射过快或过量；颈部手术时误伤动脉分支或动脉插管滑脱或破裂，造成失血。

(2)动脉插管时要特别注意不要刺破动脉管壁。

(3)在整个实验过程中，时刻留意动物的生命体征状况及动脉插管处的情况，发现漏血或导管内被凝血块阻塞时，应及时处理。

(4)每次注射药物后，应立即用另一注射器注射生理盐水0.5 mL，以防残留在血管内的药物影响下一药物的效应。

(5)每项实验后须待血压恢复正常后，再进行下一项实验。

【实验结果】

【结果分析】

【结论】

【实验体会】

【实验成绩】

【实验指导老师签字】

【实验日期】

【思考题】

(1)上述哪些项目所引起的血压变化可以用颈动脉窦和主动脉弓压力感受性反射来解释，如何解释？

(2)从血压形成的机制来看，如何解释失血性休克的发生及表现？

(3)在减压反射活动中，减压神经和迷走神经的作用有何不同？

(马　玲　彭丽花)

实验十三·微循环观察及药物对微循环的影响

【知识点链接】

1. 微循环

微循环是指微动脉和微静脉之间的血液循环。

2. 微循环的组成

由微动脉、后微动脉、毛细血管前括约肌、真毛细血管、通血毛细血管、动-静脉吻合支和微静脉组成。

3. 微循环的三条通路及其作用

(1)迂回通路(营养通路)

1)组成：血液从微动脉→后微动脉→毛细血管前括约肌→真毛细血管→微静脉的通路。

2)作用：是血液与组织细胞进行物质交换的主要场所。

(2)直捷通路

1)组成：血液从微动脉→后微动脉→通血毛细血管→微静脉的通路。

2)作用：促进血液迅速回流。此通路骨骼肌中多见。

(3)动-静脉短路

1)组成：血液从微动脉→动-静脉吻合支→微静脉的通路。

2)作用：调节体温。此途径皮肤分布较多，在病理情况下如感染性休克时，也可使动-静脉短路开放，进一步加重缺氧。

【实验目的】

观察蟾蜍肠系膜微循环各类血管中血液的流动情况，了解微循环各组成部分的结构和血流的特点。

【实验原理】

微循环区域是血液与组织液直接进行物质交换的场所，由于蛙类的肠系膜组织较薄，易于透光，可以借助显微镜来观察微循环的血流状态、微血管的舒缩活动及不同因素对微循环的影响。

显微镜下，小动脉、微动脉管壁厚，管腔内径小，血流速度快，血流方向是从主干流向分支，有轴流(血细胞在血管中央流动)现象；小静脉、微静脉管壁薄，管腔内径大，血流速度慢，无轴流现象，血流方向是从分支向主干汇合；而毛细血管管径最细，仅允许单个细胞依次通过。

【实验材料】

(1)实验对象：蟾蜍或蛙。

(2)实验器材与试剂：显微镜、1 mL 注射器、蛙类手术器械 1 套、有孔软木蛙板、大头针、滴管、20% 氨基甲酸乙酯溶液、任氏液、3% 乳酸溶液、0.01% 肾上腺素、0.01% 组胺溶液。

【实验方法与步骤】

1. 麻醉

取蛙或蟾蜍 1 只，称重后 20% 氨基甲酸乙酯(2 mg/g 体重)在尾骨两侧进行皮下淋巴囊注射麻醉，约 10 ~ 15 min 进入麻醉状态。

2. 手术

用大头针将蛙腹位(或背位)固定在蛙板上，在腹部侧方做一纵行切口，轻轻拉出一段小肠袢，将肠系膜展开，小心铺在有孔蛙板上，用数枚大头针将其固定(图 5 - 13)。

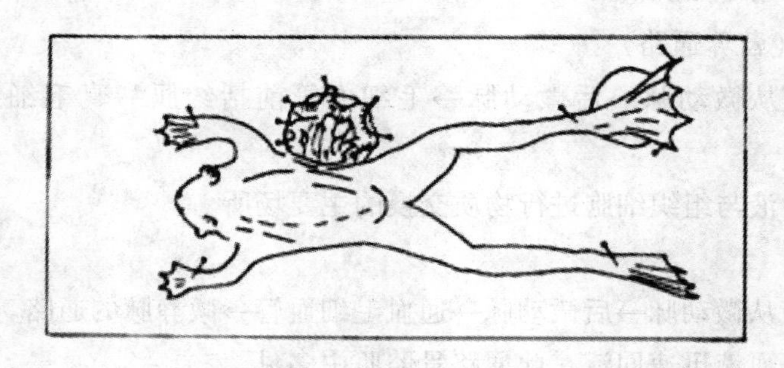

图 5 - 13　蛙肠系膜固定示意图

【观察项目】

(1)在低倍显微镜下，识别小动脉、小静脉和毛细血管(图 5 - 14)，观察其中血流速度、特征以及血细胞在血管内流动的情况。

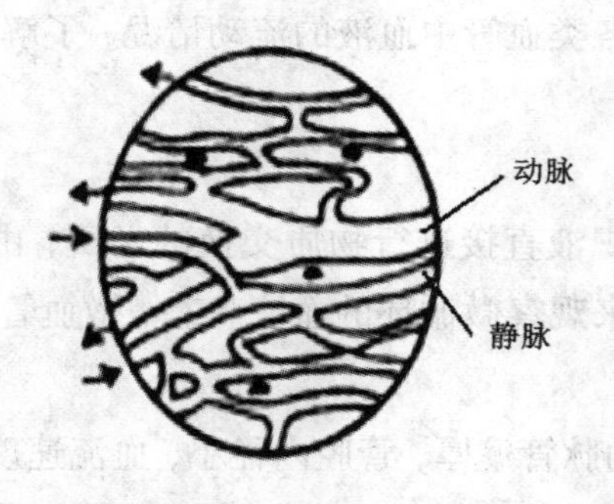

图 5 - 14　肠系膜微循环观察

(2)在高倍镜下观察各种血管的血流情况及血细胞形态。

(3)滴加 3% 乳酸溶液 2 ~ 3 滴，观察血管有何变化，出现变化后立即用任氏液冲洗。

(4)滴加 0.01% 肾上腺素 1 滴，观察血管口径和血流有何变化，出现变化后立即用任氏液冲洗。

(5)滴加0.01%组胺溶液1滴，观察血管有何变化。

【注意事项】

(1)手术操作要仔细，避免出血造成视野模糊。

(2)固定肠系膜不能拉的过紧，不能扭曲，以免影响血管内血液流动。

(3)实验中要经常滴加少量任氏液，防止标本干燥。

【实验结果】

【结果分析】

【结论】

【实验体会】

【实验成绩】

【实验指导老师签字】

【实验日期】

【思考题】

（1）低倍镜下如何区分小动脉、小静脉和毛细血管？各血管中血流有何特点？如何与生理功能相适应？

（2）试解释不同药物引起血流变化的机制。

（彭丽花）

实验十四·兔呼吸运动的调节

【知识点链接】

一、呼吸中枢

呼吸中枢是指中枢神经系统内产生和调节呼吸运动的神经细胞群。延髓是产生节律性呼吸运动的基本中枢，脑桥为呼吸调整中枢所在部位，呼吸运动还受脑桥以上中枢部位的影响，如大脑皮质、边缘系统、下丘脑等。正常呼吸运动是在各级呼吸中枢的相互配合下进行的。

二、化学感受器

1. 中枢化学感受器

位于延髓腹外侧浅表部位，其有效刺激是脑脊液或局部细胞外液中 H^+ 浓度变化，然而血液中 H^+ 不易通过血－脑屏障，CO_2 则易通过，当 CO_2 进入脑脊液，在脑脊液中碳酸酐酶的作用下，CO_2 和 H_2O 结合为 H_2CO_3，使中枢化学感受器周围液体中 H^+ 浓度升高，从而刺激中枢化学感受器使其兴奋。

2. 外周化学感受器

位于颈动脉体和主动脉体，能感受血液中的 PCO_2、PO_2 和 H^+ 浓度的变化。

三、CO_2 对呼吸的运动的影响

CO_2 是调节呼吸运动最重要的生理性体液因子。一定水平的 PCO_2 对维持呼吸和呼吸中枢的兴奋性是必要的。CO_2 浓度升高引起呼吸运动加深加快是通过两条途径实现的。一是刺激中枢化学感受器，进而引起延髓呼吸中枢兴奋；二是刺激外周感受器，传入冲动传入延髓，使延髓呼吸中枢兴奋。以上两条途径以前者为主。

四、H^+ 浓度对呼吸运动的影响

血液中 H^+ 浓度升高，呼吸加深加快，其作用途径也是通过兴奋外周化学感受器和中枢化学感受器来实现的。但由于 H^+ 不易通过血－脑屏障，限制了它对中枢化学感受器的作用，血液中的 H^+ 对呼吸运动的调节主要是通过刺激外周化学感受器起作用。

五、低 O_2 对呼吸运动的影响

低 O_2 对呼吸的刺激作用完全是通过外周化学感受器来实现的。低氧对呼吸中枢的直接作用是抑制。而后一种作用常被来自化学感受器的冲动所掩盖。因此，轻度低 O_2 时，呼

吸增强。严重低 O_2时，才显露出对呼吸的抑制作用。

【实验目的】

(1)观察某些因素对呼吸运动的影响；加深理解呼吸运动的调节机制。

(2)了解动物呼吸运动的描记方法。

【实验原理】

呼吸运动具有节律性，并能适应机体代谢的需要，主要是通过神经和体液调节的结果。体内外各种刺激可通过作用于呼吸中枢或不同感受器反射性地影响呼吸运动。

【实验材料】

(1)实验对象：家兔。

(2)实验器材和药品：BL-420 生物功能实验系统、张力换能器、哺乳动物手术器械 1 套、兔手术台、气管插管、注射器(2 mL、5 mL 各 1 支)、50 cm 长的橡皮管 1 根、CO_2气囊、N_2气囊、20% 氨基甲酸乙酯溶液、3% 乳酸溶液、0.9% 氯化钠溶液(生理盐水)、纱布和线；水检压计 1 台。

【实验方法与步骤】

1. 麻醉及固定

取家兔 1 只，称重，用 20% 氨基甲酸乙酯溶液进行麻醉(剂量为 1g/kg 体重)，经兔耳缘静脉缓慢注入，待兔麻醉后，将其仰卧于兔手术台上。

2. 颈部手术

将兔颈正中、喉以下的皮毛剪掉(长 4~5 cm)，做颈正中切口，用止血钳钝性分离皮下组织，暴露气管。

3. 分离两侧迷走神经

用玻璃分针分离两侧迷走神经，并穿线备用。

4. 插气管插管

将气管与周围组织钝性分离，在气管上做一“⊥”形切口，插入“Y”形气管套管，并用线将气管套管结扎固定。

5. 实验装置连接

将张力换能器固定于铁支架上，用橡胶管将换能器与气管套管的一侧管相连。换能器的输出导线接到 BL-420 生物功能实验系统。

6. 软件操作

启动计算机，进入生物功能实验系统主界面，点击“实验”菜单，选择实验项目→呼吸实验→“呼吸运动调节”项，开始观察记录。

【实验观察】

1. 描记正常呼吸曲线

记录一段正常呼吸运动曲线作为对照。注意认清曲线上吸气、呼气的波形方向。

2. 吸入气中 CO_2 含量增加对呼吸运动的影响

将 CO_2 气囊靠近气管插管，打开气囊上的夹子，慢慢放出气囊中的 CO_2，使吸入的空气中含有较多的 CO_2，观察与记录呼吸运动的变化。

3. 缺 O_2 对呼吸运动的影响

使用 N_2 气囊，给动物吸入含有较高浓度 N_2 气的空气以造成部分缺 O_2，观察与记录呼吸运动的变化。

4. 增大无效腔对呼吸运动的影响

将长胶管接至气管插管开口处使家兔无效腔增大，观察与记录呼吸运动的变化。

5. 静脉注入 2% 乳酸溶液对呼吸运动的影响

用 5 mL 注射器由耳缘静脉缓慢注入 2% 乳酸溶液 2 mL，使血液中[H^+]增加，观察与记录呼吸运动的变化。

6. 迷走神经对呼吸运动的影响

观察实验条件下一段正常的呼吸曲线后，先剪断一侧迷走神经，观察呼吸运动的变化；再剪断另一侧迷走神经，对比观察剪断迷走神经前后呼吸运动频率和深度的变化。

7. 胸膜腔负压的观察(图 5－15)

待上述实验项目完成后进行。

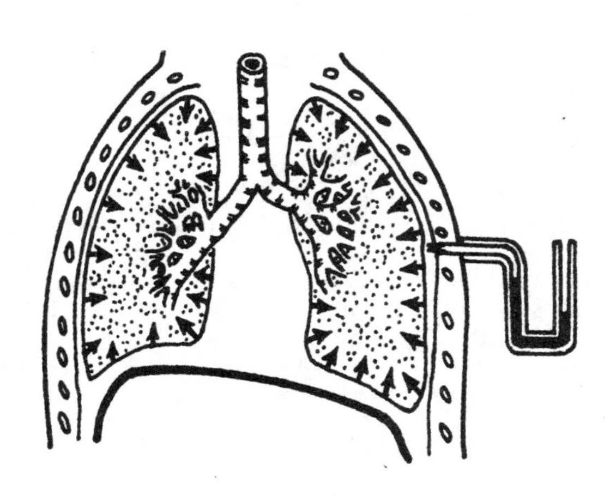

图 5－15　胸膜腔负压的直接测量示意图

(1)将穿刺针头通过橡皮管与水检压计相连，检压计的水中加少量蓝墨水，以利观察液面波动。检压计液面应与“0”刻度一致，并调整检压计的高度，使其刻度“0”与动物胸膜腔在同一水平。

(2)穿刺针头于右侧胸部第 4～5 肋间胸骨旁开 4～6 cm 处肋骨上缘刺入胸膜腔，当检压计的水柱突然向胸膜腔一侧升高，并随呼吸运动波动时，说明已刺入胸膜腔，用胶布将针头固定于胸壁。

(3) 观察水检压计液面的升降高度，比较吸气和呼气时胸膜腔负压的大小有何不同。

【注意事项】

(1) 麻醉药量应严格计算，注药时应缓慢进行，如动物麻醉偏浅，应适当追加麻醉药，以防动物挣扎。

(2) 气管插管时，插管前一定注意对气管进行止血和清理后进行插管。

(3) 耳缘静脉注入乳酸溶液时务必保证注入在静脉血管中，要选择静脉远端，注意不要刺穿静脉，以免乳酸外露刺激动物，影响结果。

(4) 所描记的呼吸运动曲线每项实验的前后均要有正常对照。

【实验结果】

【结果分析】

【结论】

【实验体会】

【实验成绩】

【实验指导老师签字】

【实验日期】

【思考题】

(1)CO_2、缺氧、H^+对呼吸运动各有何影响？各作用途径如何？

(2)呼吸无效腔的增大对呼吸有何影响？作用机制如何？

(3)试夹闭气管插管吸入气一侧，观察呼吸运动的变化，为什么？

（彭丽花）

实验十五·胃肠运动的观察

【知识点链接】

(1)消化道平滑肌的生理特性：

1)兴奋性较低、收缩缓慢；

2)伸展性大；

3)紧张性；

4)自动节律性，不如心肌规则；

5)对机械牵张、温度和化学刺激敏感，对电刺激不敏感。

(2)在整体情况下，消化管平滑肌的运动受神经和体液的调节。

(3)胃的主要运动形式有：容受性舒张、蠕动；小肠的主要运动形式有：蠕动、紧张性收缩以及分节运动。

【实验目的】

观察胃肠道各种形式的运动，以及神经和体液因素对胃肠运动的调节。

【实验原理】

消化管平滑肌具有自动节律性，可以形成多种形式的运动，主要有紧张性收缩、蠕动、分节运动及摆动。在整体情况下，消化管平滑肌的运动受神经和体液的调节。

【实验材料】

(1)实验对象：家兔。

(2)实验器材与药品：哺乳动物手术器械、兔台、玻璃分针、刺激电极、注射器、20%氨基甲酸乙酯、普鲁卡因、1∶10000乙酰胆碱、1∶10000肾上腺素、阿托品、新斯的明、台式液。

【实验方法与步骤】

(1)将家兔称重、麻醉、固定。

(2)颈部手术，分离一侧迷走神经。

(3)腹部手术：腹部剪毛，剑突下正中切口10 cm左右，止血钳提起两侧腹肌，沿腹白线剪开，腹腔内液体和器官不要流出，注意组织的保温。

(4)观察正常胃肠运动，注意胃肠的蠕动、逆蠕动和紧张性收缩，以及小肠的分节运动等。在幽门与十二指肠的接合部可观察到小肠的摆动。

(5)刺激迷走神经，观察胃肠运动情况。

(6)滴加1∶10000肾上腺素0.5 mL，观察胃肠运动情况。

(7)滴加1∶10000乙酰胆碱0.5 mL，观察胃肠运动情况。

(8)滴加1∶10000阿托品0.5 mL，观察胃肠运动情况。

(9)滴加1:10000新斯的明0.3 mL，观察胃肠运动情况。

【注意事项】

(1)胃肠在空气中暴露时间过长时，会导致腹腔温度下降。为了避免胃肠表面干燥，应随时用温台氏液或温热生理盐水湿润胃肠，防止降温和干燥。

(2)实验前2~3小时将兔喂饱，实验结果较好。

(3)尽量减少手术创伤，腹部开口不宜过大。

(4)肾上腺素和乙酰胆碱等观察到效果即可，不宜过多。

(5)刺激迷走神经时间不宜过长。

(6)使用不同药物时，中间应间隔一段时间，等药物作用过后再进行另一项操作。

【实验结果】

【结果分析】

【结论】

【实验体会】

【实验成绩】

【实验指导老师签字】

【实验日期】

【思考题】

小肠的运动受哪些因素的影响?

（钟　轶）

实验十六·影响尿生成的因素

【知识点链接】

1. 肾单位和集合管

肾单位是肾脏的基本结构和功能单位。正常人的两肾有170万~240万个肾单位，它们与集合管一起共同完成尿的生成过程。肾单位由以下各部分组成(图5-16)：

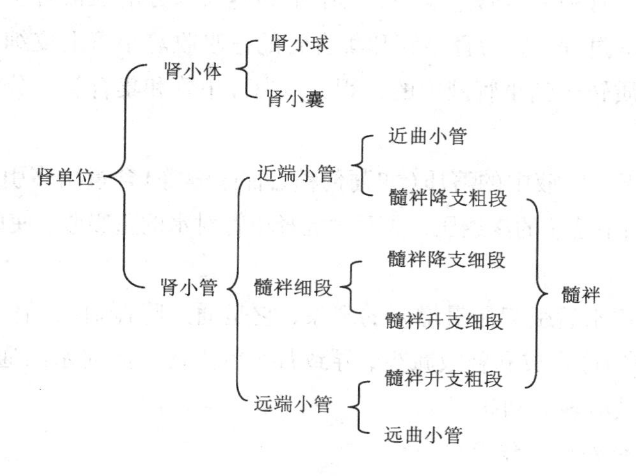

图5-16 肾单位的组成

集合管虽然不包括在肾单位内，但在结构上与远曲小管相连，在尿的生成过程中，特别是在尿的浓缩和稀释过程中起着重要作用。尿液在集合管内生成后，汇入乳头管，最后经肾盏、肾盂、输尿管进入膀胱内储存。

2. 肾血流量的自身调节

当动脉血压在80~180 mmHg (10.7~24.0 kPa)范围内变动时，肾血流量将会保持基本不变，这种现象即使在去除肾神经支配或离体肾脏中仍然存在。把这种不依赖神经和体液因素的调节，在一定血压变动范围内保持肾血流量相对稳定的现象称为肾血流量的自身调节。

3. 尿生成的基本过程

尿的生成是在肾单位和集合管中进行的，其基本过程包括三个连续的过程：即肾小球的滤过，肾小管与集合管的重吸收以及肾小管与集合管的分泌。通过肾小球的滤过作用形成原尿，通过肾小管、集合管的重吸收、分泌作用及对尿液的浓缩或稀释作用，最后形成终尿。

4. 肾小球的滤过作用

血液流经肾小球毛细血管时，血浆中除血浆蛋白外的水分和小分子物质通过滤过膜，进入肾小囊形成原尿的过程，称为肾小球的滤过作用。决定肾小球滤过的主要因素有：①肾血浆流量是滤过的前提；②滤过膜是滤过的结构基础；③有效滤过压是滤过的动力。

5. 肾小球有效滤过压

肾小球有效滤过压指肾小球毛细血管两侧的压力差，等于肾小球毛细血管血压减去血浆胶体渗透压与肾小囊内压之和。

6. 肾小管、集合管的重吸收和分泌作用

小管液在流经肾小管和集合管过程中，其中水和绝大部分溶质被肾小管和集合管上皮细胞重新转运回血液的过程，称为肾小管和集合管的重吸收。小管上皮细胞将自身代谢产物或血浆中的某些物质转运到小管液中的过程，称为肾小管和集合管的分泌。

7. 渗透性利尿

渗透性利尿是由于小管液中的溶质(如葡萄糖、甘露醇等)含量增多引起尿量增多的现象，它是通过直接增加小管液的渗透压，从而对抗肾小管对水的重吸收，使尿量增多而利尿。

8. 水利尿

指一次性大量饮清水后引起尿量增多的现象，它是通过降低血浆晶体渗透压，反射性地引起抗利尿激素(ADH)合成和释放减少，导致肾小管上皮细胞对水的通透性下降、对水的重吸收减少，使尿量增多而利尿。

9. 抗利尿激素的主要生理作用

抗利尿激素的主要生理作用是提高远曲小管和集合管上皮细胞对水的通透性，增加水的重吸收，使尿量减少。调节抗利尿激素分泌的主要因素有：①血浆晶体渗透压；②循环血量；③动脉血压的变化。

【实验目的】

(1)掌握膀胱插管技术和尿液的收集方法。

(2)观察各种因素对尿量及尿中某些成分的影响，并分析作用机制。

【实验原理】

尿生成过程包括肾小球的滤过作用以及肾小管与集合管的重吸收和分泌作用。肾小球滤过作用的动力是有效滤过压，而有效滤过压的高低主要取决于以下三个因素：肾小球毛细血管血压、血浆胶体渗透压和囊内压。正常情况下，囊内压不会有明显变化。肾小球毛细血管血压主要受全身动脉血压的影响，当动脉血压为80～180 mmHg时，由于肾血流的自身调节作用，肾小球毛细血管血压均能维持在相对稳定水平，但当动脉血压高于180 mmHg或低于80 mmHg时，肾小球毛细血管血压就会随血压变化而变化，肾小球滤过率也就发生相应变化。另外，血浆胶体渗透压降低，会使有效滤过压增高，肾小球滤过率增加。而影响肾小管、集合管泌尿功能的因素，则包括小管液中溶质的浓度和抗利尿激素等。小管液中溶质浓度增高，可妨碍肾小管对水的重吸收，从而使尿量增加；抗利尿激素可促进肾小管与集合管对水的重吸收，导致尿量减少。

本实验通过施加不同的处理因素，观察尿量及其成分的变化，分析各因素对尿生成的影响。

【实验材料】

(1)实验对象：家兔。

(2)实验药品与器材：肝素生理盐水溶液、20% 氨基甲酸乙酯、20% 葡萄糖溶液、1∶10000去甲肾上腺素、1% 呋塞米溶液、垂体后叶素注射液(1000U/L)、0.9% 氯化钠溶液(生理盐水)、班氏试剂。BL－420 生物功能实验系统、压力换能器、记滴器、烧杯、保护电极、铁支架、双凹夹、哺乳类动物手术器械1套、兔手术台、婴儿秤、气管插管、膀胱导管、动脉插管、试管、试管夹、乙醇灯、注射器(1 mL、5 mL、10 mL、20 mL)、针头等。

【实验方法与步骤】

1. 动物手术

(1)动物麻醉与固定：家兔称重后，经耳缘静脉缓慢注入 20% 氨基甲酸乙酯(5 mL/kg)进行麻醉，待动物麻醉后将其仰卧固定于兔手术台上。

(2)动脉插管：剪去颈部兔毛，沿颈部正中切开皮肤 5 ~6 cm，用止血钳纵向分离软组织及颈部肌肉，暴露气管以及与气管平行的右血管神经鞘，细心分离出右侧鞘膜内的迷走神经，在神经下穿线备用。接着分离左颈总动脉，远心端结扎，用动脉夹夹闭近心端，在结扎处的稍下方剪一小斜口，插入动脉插管(按常规事先在插管内充满肝素生理盐水)，结扎固定。松开动脉夹，观察血压。

(3)膀胱插管：从耻骨联合向上沿中线做长约 5 cm 的切口，沿腹白线打开腹腔，将膀胱轻拉至腹壁外，先清楚辨认膀胱和输尿管的解剖部位，用止血钳提起膀胱前壁(靠近顶端部分，选择血管较少处)，切一纵行小口，插入插管。用粗线结扎固定以关闭其切口，导尿管的另一端通过引流管(引流管出口处低于膀胱水平)与记滴器相连，使尿滴垂直落在记滴器的两电极上(图 5－17)。手术完毕后，用温热的生理盐水纱布覆盖腹部创口。

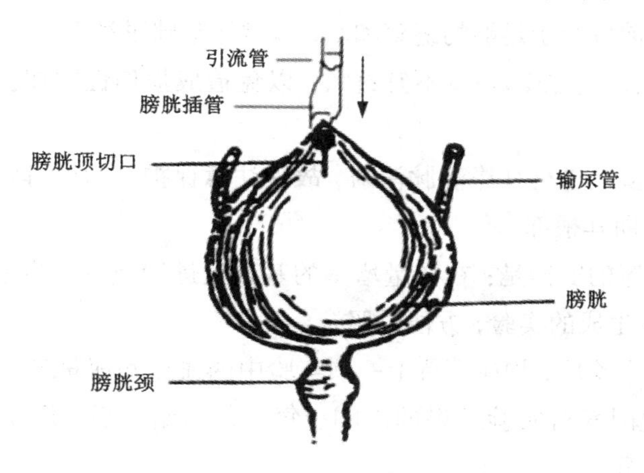

图 5－17 膀胱导尿插管示意图

2. 实验仪器的连接

(1)将压力换能器的导线端插入 BL－420 生物功能实验系统的所选通道，压力腔侧口接一个三通开关，压力腔正中口经一个三通开关接动脉插管，用于记录动脉血压。

(2)用可调双凹夹固定记滴器，使记滴器的电极端稍微向下倾斜。将记滴器信号引导线的插头插入记滴输入口，另一端与记滴器连接，用于记录尿滴。

(3)将刺激电极插头插入电刺激输出口，另一端与保护电极连接，用于施加电刺激。

(4)打开 BL－420 生物功能实验系统电源，开机并启动实验软件系统，依次选择“实验项目”→“泌尿实验”→“影响尿生成的因素”项，测试血压描记、尿液记滴。

【观察项目】

(1)记录一段正常血压曲线和尿液滴数作为对照。

(2)经耳缘静脉以中等速度注射 37℃的生理盐水 20 mL，观察血压和尿量的变化。

(3)调节电刺激参数至适当(刺激方式为连续单刺激；频率为 20～40 次/s；波宽为 0.3～0.5 ms；强度为 5～10 V)。在右侧迷走神经的头端结扎，在结扎点的头端剪断，用保护电极电刺激迷走神经近心端，使血压维持在 6.67 kPa(50 mmHg)约 25 秒，观察尿量有何变化。

(4)取尿液数滴加入到装有 1 mL 班氏试剂的试管中作尿糖定性实验(试管置于乙醇灯上加热煮沸，冷却后观察溶液和沉淀物的颜色改变。蓝色为阴性，若颜色转变为绿色、黄色或者砖红色，则为阳性，且含糖量依次升高)。

(5)尿糖定性实验后，经耳缘静脉注入 20% 葡萄糖溶液 5 mL，观察血压和尿量有何变化。待尿量明显变化后，再取尿液 2 滴作尿糖定性试验。

(6)经耳缘静脉注射 1∶10000 去甲肾上腺素 0.5 mL，观察血压和尿量的变化。

(7)经耳缘静脉注射呋塞米溶液 5 mg/kg，观察血压和尿量的变化。

(8)经耳缘静脉缓慢注射垂体后叶素 2U，观察血压和尿量的变化。

【注意事项】

(1)家兔在实验前应给予足够的蔬菜和水，以增加基础尿量。

(2)手术操作应轻柔，腹部切口不宜过大，以免造成损伤性闭尿。膀胱插管前，应先将家兔尿道夹闭。

(3)本实验需要多次进行耳缘静脉注射，故应注意保护好兔的耳缘静脉，静脉注射应从耳尖开始，逐步移向耳根部。

(4)各项实验顺序的安排是：在尿量增多的基础上进行减少尿生成的实验，在尿量少的基础上进行促进尿生成的实验，方便对照。

(5)每进行一项实验后，均应等待上一项实验中的血压和尿量基本恢复到正常水平后再进行，以排除其他因素对实验结果的影响。每次静脉给药后，须立即加输少量生理盐水，以确保药物进入静脉。

(6)刺激迷走神经的强度不宜过强，时间不宜过长，以免引起血压过低，心跳停止。

【实验结果】

【结果分析】

【结论】

【实验体会】

【实验成绩】

【实验指导老师签字】

【实验日期】

【思考题】

本实验中哪些因素可影响肾小球的滤过？哪些因素影响肾小管和集合管的重吸收和分泌？

（吴起清）

实验十七·一侧迷路破坏的效应

【知识点链接】

内耳迷路中的前庭器官是感受头部空间位置和运动的感受器装置，前庭传入的冲动可以引起头部的运动感觉和空间的位置感觉，同时反射性的改变肌紧张而参与姿势反射，对维持机体的姿势与平衡有非常大的作用。

【实验目的】

通过豚鼠一侧迷路的破坏来观察迷路在调节动物姿势中的重要作用。

【实验原理】

迷路起协调动物肌紧张及维持姿势的作用。当动物的一侧迷路被破坏后，其肌紧张协调发生障碍，在静止和运动时失去正常的姿势。

【实验材料】

豚鼠，滴管，氯仿。

【实验方法与步骤】

(1)麻醉豚鼠的一侧迷路：使动物侧卧，提起一侧耳郭，用滴管向内耳道深处滴入氯仿0.5 mL。使动物保持侧卧位，不让头部扭动。

(2)麻醉后约10分钟左右，观察豚鼠头部偏向及眼震颤现象。任豚鼠自由活动，观察其运动特点。

【注意事项】

氯仿是一种高脂溶性的全身麻醉药，其用量要适度，以防动物麻醉死亡。

【实验结果】

【结果分析】

【结论】

【实验体会】

【实验成绩】

【实验指导老师签字】

【实验日期】

【思考题】

豚鼠一侧迷路麻醉后，为什么会偏向麻醉迷路的那一侧，此时眼震颤的方向如何？

（钟　轶）

实验十八·破坏一侧小脑动物的观察

【知识点链接】

(1)前庭小脑主要接受前庭系统的投射。维持身体的平衡，与前庭器官和前庭核活动密切相关。

(2)脊髓小脑主要接受来自脊髓小脑束传入纤维的投射，其传入冲动主要来自肌肉、关节、腱器官的本体感觉冲动；小脑前叶还接受视、听觉的传入信息。后叶中间带区接受脑桥纤维的投射。前叶调节肌紧张从而使肌群活动平稳。后叶中间带既可控制肌紧张，还接受脑桥纤维的投射，与大脑皮质运动区有环路联系，在执行随意运动方面发挥作用。

(3)皮质小脑不直接接受外周感觉传入信息。皮质小脑与大脑皮质运动区、感觉区、联络区之间的联合活动和运动计划的形成和运动程序的编制有关。

(4)在运动中小脑不断地接受感觉传入信息，逐步对运动进行纠正和调整姿势，使已活动的肌群不断调整，使运动平稳、准确、动作精细。对协调运动尤为精细动作完成发挥作用。同时还防止运动中出现震颤。

【实验目的】

观察小白鼠小脑损伤后对肌紧张和身体平衡等躯体运动的影响。

【实验原理】

小脑是调节姿势和躯体运动的重要中枢。接受来自运动器官、平衡器官和大脑皮质运动区的信息。它具有维持身体平衡、调节肌紧张、协调随意运动等功能。因此，当小脑损伤后会出现身体失衡、肌张力改变以及共济失调。

【实验材料】

小白鼠、哺乳类动物手术器械 1 套、鼠手术台、9 号注射针头、药用棉、200 mL 烧杯、乙醚等。

【实验方法与步骤】

(1)取小白鼠一只，在实验台上观察其正常活动(姿势、肌张力等)情况。

(2)麻醉：将小白鼠罩于烧杯内，同时放入一块浸有乙醚的棉球，使其麻醉，待呼吸变深变慢，不再有随意运动时，将其取出，俯卧位缚于鼠台上。

(3)手术及观察

1)剪去头顶部的毛，沿正中线剪开头皮直达耳后部。以左手拇、示指捏住头部两侧，用刀背刮剥颈肌及骨膜，充分暴露顶间骨，通过透明的颅骨可以看到小脑。

2)仔细辨认小鼠颅骨的各缝(冠状缝、矢状缝、人字缝)，用针头垂直穿透一侧小脑的顶间骨(进针处为人字缝下 1 mm，矢状缝旁 2 mm)，先浅破坏，进针深度约为 3 mm，轻轻转动针尖，破坏其周围小脑组织，然后取出针头，用棉球压迫止血，待其清醒后，观察动物姿势和肢体肌肉紧张度的变化，行走时有无不平衡现象，是否向一侧旋转或翻滚。

【注意事项】

(1)麻醉时要密切观察动物的呼吸变化，避免麻醉过深致动物死亡。

(2)手术过程中如动物苏醒挣扎，可随时用乙醚棉球追加麻醉。

(3)捣毁小脑时不可刺入过深，以免伤及中脑、延髓或对侧小脑。

【实验结果】

【结果分析】

【结论】

【实验体会】

【实验成绩】

【实验指导老师签字】

【实验日期】

【思考题】

根据实验结果说明小脑的生理功能。

（钟　轶）

实验十九 · 去大脑僵直

【知识点链接】

正常情况下，脑干对肌紧张的调节，主要是通过脑干网状结构对脊髓运动神经元的调节而实现的，其调节作用具有双重性，即既有易化作用，又有抑制作用，这是通过脑干网状结构的易化区和抑制区的活动实现的。

1. 脑干网状结构易化区

延髓网状结构的背外侧部、脑桥的被盖、中脑、下丘脑和丘脑的某些部位，对脊髓的牵张反射有加强作用，称为易化区。易化区经常处于一定程度的兴奋状态，它通过网状脊髓束和前庭脊髓束兴奋 γ 运动神经元而使肌紧张加强，这一作用也称为下行易化作用，小脑和前庭核传来的冲动可加强易化区的作用。

2. 脑干网状结构抑制区

延髓网状结构的腹内侧部分具有抑制肌肉紧张的作用，称为抑制区。它通过网状脊髓束经常抑制脊髓 γ 运动神经元。大脑皮质运动区、纹状体、小脑前叶蚓部等可加强抑制区的作用。

正常情况下，抑制区和易化区的活动在一定水平上保持相对平衡，维持着正常的肌紧张。当这两个系统关系失调时，将出现肌紧张亢进或减弱。动物的中脑上、下丘之间横断后，由于中断了大脑皮质运动区和纹状体等部位对脑干抑制区的作用，使抑制区的活动减弱，易化区的活动相对增强，可出现伸肌紧张亢进的现象，称为去大脑僵直。

【实验目的】

学习中枢系统的实验方法，观察去大脑僵直现象，加深理解中枢神经系统对肌紧张的调节作用。

【实验原理】

正常动物维持伸肌紧张的牵张反射受到中枢神经系统易化作用和抑制作用这两方面的调节，而能维持适度肌紧张和正常姿势。在大脑上、下丘之间切断脑干的动物为去大脑动物。在去大脑动物上出现伸肌对抗地心引力的肌紧张亢进或张力增强的现象称为去大脑僵直。去大脑动物则因削弱了中枢对肌紧张的抑制作用，以致对肌紧张的易化作用加强，表现出颈肌强直、四肢僵直、仰头、举尾等去大脑僵直现象。

【实验对象】

家兔或猫。

【实验方法与步骤】

(1)麻醉、开颅。

(2)扩创：将颅顶的创口向后扩展到枕骨结节以暴露双侧大脑半球的后缘。

（3）去大脑手术：松开动物的四肢，一手将动物的头托起，另一手用手术刀的刀柄从大脑半球后缘轻轻翻开大脑半球，露出四叠体（其中上丘较大，下丘较小）。用竹制刀片在上下丘之间、略向前倾斜切向颅底并向两边拨动，将脑干完全切断。

【观察项目】

（1）将动物侧卧，几分钟后可见到动物的躯体和四肢慢慢变硬伸直（前肢比后肢明显），头后仰，尾上翘，呈角弓反张现象。

（2）用双手分别提动物的背部和臀部皮肤，使动物支撑"站立"在桌面上，或将动物仰卧在桌面，观察上述两种情况下，动物前后肢肌紧张的变化。

（3）以竹刀再向延髓方向切一刀，观察动物的伸肌紧张状态的变化。

【注意事项】

切断脑干的部位要准确，偏低易伤及延髓呼吸中枢引起呼吸停止；偏高时则不出现去大脑僵直（此时可将竹刀稍向尾端倾斜再切一刀）。

【实验结果】

【结果分析】

【结论】

【实验体会】

【实验成绩】

【实验指导老师签字】

【实验日期】

【思考题】

去大脑僵直发生的机制是什么？

（彭丽花）

实验二十・大脑皮质运动功能定位

【知识点链接】

（一）大脑皮质的主要运动区

大脑皮质是调节躯体运动的最高级中枢，大脑皮质控制躯体运动的部位称为皮质运动区，主要包括中央前回(4 区)和运动前区(6 区)。

（二）皮质运动区控制躯体运动的特点

(1)交叉支配，即一侧皮质主要支配对侧躯体的肌肉，但对头面部的肌肉支配是双侧性的，下部面肌和舌肌仍受对侧皮质控制。

(2)功能定位精细，功能代表区大小与运动精细复杂程度有关，功能越精细复杂的肌肉，在皮质的代表区越大，如手指。

(3)呈倒置安排，躯体运动在皮质运动区的投影与支配部位呈倒影，但头面部是正立的。

（三）运动传出通路

大脑皮质运动区主要通过皮质脊髓束和皮质脑干束来调节的运动。

1. 皮质脊髓束

是由皮质发出，经内囊、脑干下行到脊髓前角运动神经元的传导束。包括：

(1)皮质脊髓侧束：约占皮质脊髓束纤维的 80%。纤维经延髓锥体交叉，在脊髓外侧索下行，纵贯脊髓全长。其纤维终止于脊髓前角外侧的运动神经元，控制四肢远端的肌肉与精细的、技巧的运动有关。损伤后可出现巴宾斯基征阳性。

(2)皮质脊髓前束：约占皮质脊髓束纤维的 20%。一般只到胸部。经白质前联合交叉，在脊髓同侧前索下行，终止于对侧脊髓前角外侧的运动神经元控制躯干和四肢近端的肌肉，主要是屈肌。与姿势的维持和粗大的运动动作有关。

2. 皮质脑干束

由皮质发出，经内囊到达脑干内各脑神经运动神经元的传导束。

3. 其他下行通路

包括顶盖脊髓束、网状脊髓束和前庭脊髓束等，参与近端肌肉有关的粗大运动和姿势的调节；红核脊髓束参与四肢远端肌肉有关的精细运动的调节。

【实验目的】

掌握开颅技术，观察大脑皮质运动区的功能定位及运动效应。

【实验原理】

大脑皮质运动区是调节躯体运动功能的最高级中枢，皮质运动区对肌肉运动的支配呈有序的排列状态，为高等哺乳动物所特有，但因物种不同而其发达程度有明显差异。且随动物的进化逐渐精细，鼠和兔的大脑皮质运动区功能定位已具有一定的雏形。电刺激大脑皮质运动区的不同部位，能引起特定的肌肉或肌群的收缩运动。

【实验对象】

家兔

【实验材料】

哺乳类动物手术器械，颅骨钻，咬骨钳，骨蜡（或止血海绵），刺激器，刺激电极，20%氨基甲酸乙酯溶液，液体石蜡，0.9%氯化钠溶液（生理盐水）。

【观察项目】

（1）动物手术

1）麻醉，按2.5 mL/kg体重耳缘静脉注射20%氨基甲酸乙酯麻醉兔。

2）固定：仰卧位固定于兔手术台上。

3）颈部手术：颈正中切口，暴露气管，安置三通气管插管。

4）头部手术：改为背位固定，将动物四肢固定于兔手术台上，并将头固定在头架上。剪去头顶的毛，从眉间至枕部正中将头皮与骨膜纵行切开，用刀柄向两侧剥离肌肉和骨膜；用颅骨钻钻开颅骨，然后以小咬骨钳扩大创口，暴露一侧大脑。向前开颅至额骨前部，向后开至人字缝前，不要掀动人字缝的顶骨。适当远离矢状缝，勿损伤矢状窦。可将手术刀伸入矢状缝使矢状窦与骨板分离，扩创时勿伤及硬脑膜，小心地用注射针头将硬脑膜挑起，用眼科剪仔细剪去硬脑膜，暴露大脑皮质，滴上少量温热液体石蜡以防止皮质干燥。若遇到颅骨出血，可用骨蜡或明胶海绵填塞止血。

（2）术毕解开动物固定绳，以便观察动物躯体的运动效应。

（3）选择适宜的刺激参数（波宽0.1～0.2 ms，频率20～50 Hz，刺激强度10～20 V，每次刺激时间5～10秒。每次刺激间隔约1分钟）。用双芯电极接触皮质表面（或双电极，参考电极放在兔的背部，剪去此处的被毛，用少许的生理盐水湿润，以便接触良好），逐点依次刺激大脑皮质运动区的不同部位，观察躯体运动反应。实验前预先画一张兔大脑半球背面观轮廓图，并将观察到的反应标记在图上（图5－18）。

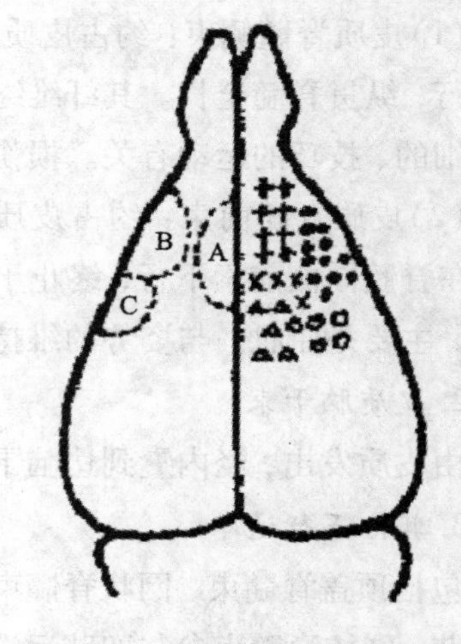

图5－18 兔大脑皮质的刺激反应

A—中央后区；B—下颌运动区；C—脑岛区

＋颌面肌和下颌动；●下颌动；

○头动；×前肢和后肢动；△前肢动

【注意事项】

（1）麻醉不宜过深。

（2）开颅术中应随时止血，注意勿伤及大脑皮质。

（3）使用双极电极时，为防止电极对皮质的机械损伤，刺激电极尖端应烧成球形。

（4）刺激大脑皮质时，刺激不宜过强，刺激的强度应从小到大进行调节，否则影响实验结果，每次刺激应持续5～10秒。

（5）刺激大脑皮质引起的骨骼肌收缩，往往有较长的潜伏期，故每次刺激将应续 5 ~ 10 秒才能确定有无反应。

（6）切断部位要准确，过低会伤及延髓呼吸中枢，导致呼吸停止。

【实验结果】

【结果分析】

【结论】

【实验体会】

【实验成绩】

【实验指导老师签字】

【实验日期】

【思考题】

为什么电极刺激大脑皮质引起肢体运动往往是左右交叉反应?

（彭丽花）

实验二十一·胰岛素致低血糖效应

【知识点链接】

一、胰岛素的作用

胰岛素是促进合成代谢、调节血糖浓度的主要激素。主要作用如下：

1. 对糖代谢的调节

胰岛素促进肝糖原和肌糖原的合成，促进组织对葡萄糖的摄取利用；抑制肝糖原异生及分解，降低血糖。胰岛素缺乏时，血糖升高，如超过肾糖阈，尿中将出现糖，引起糖尿病。

2. 对脂肪代谢的调节

促进脂肪合成并抑制其分解。

3. 对蛋白质代谢的调节

促进蛋白质合成和储存，减少组织蛋白质分解。

二、胰岛素分泌的调节

1. 血糖水平

血糖浓度是调节胰岛素分泌的最重要因素，血糖升高刺激 B 细胞释放胰岛素，长期高血糖使胰岛素合成增加甚至 B 细胞增殖。另外，血糖升高还可以作用于下丘脑，通过支配胰岛的迷走神经传出纤维，引起胰岛素分泌。当血糖下降到正常水平，胰岛素的分泌也迅速回到基础水平。

2. 氨基酸和脂肪的作用

多种血氨基酸能增加刺激胰岛素分泌，其中以赖氨酸、精氨酸、亮氨酸作用最强。脂肪酸和酮体大量增加时也可促进胰岛素分泌。

3. 激素的作用

(1)胃肠道激素中抑胃肽和胰高血糖样多肽的促胰岛素分泌作用最为明显。这是口服比静脉注射葡萄糖更易引进胰岛素分泌的原因。胃肠激素与胰岛素分泌之间的关系被称为“肠-胰岛轴”。

(2)生长素、皮质醇、甲状腺激素：可通过升高血糖浓度而间接刺激胰岛素分泌，因此长期大量应用这些激素，有可能使 B 细胞衰竭而导致糖尿病。

(3)胰高血糖素等和生长抑素：可抑制胰岛素的分泌。胰高血糖素还可直接刺激 B 细胞分泌胰岛素。

(4)神经肽和神经递质：多种神经递质和神经肽均可影响胰岛素的分泌。

4.神经调节

刺激迷走神经，可通过乙酰胆碱作用于M受体，直接促进胰岛素的分泌；迷走神经还可通过刺激胃肠激素的释放，间接促进胰岛素的分泌。交感神经兴奋时，则通过去甲肾上腺素作用于α受体，抑制胰岛素分泌。

【实验目的】

观察过量胰岛素引起的低血糖反应，加深胰岛素对调节血糖水平作用的理解。

【实验原理】

胰岛素是调节血糖水平的重要激素，可促进糖原分解，加速糖的氧化，抑制糖异生和分解，从而使血糖降低。当体内胰岛素含量增高时，引起低血糖症状，动物出现惊厥现象。在实验中用大量注射胰岛素的方法引起动物低血糖，出现精神不安、角弓反张、乱滚、抽搐等惊厥反应症状。

【实验材料】

(1)实验对象：小白鼠。

(2)实验器材与试剂：1 mL注射器、鼠笼、胰岛素溶液(4单位/mL)、20%葡萄糖溶液、酸性生理盐水。

【实验方法与步骤】

(1)取3只小白鼠称重后，分实验组2只和对照组1只。

(2)给实验组动物腹腔注射胰岛素溶液(0.1 mL/10 g体重)。

(3)给对照组动物腹腔注射等量的酸性生理盐水。

(4)将两组动物都放在30℃~37℃的环境中，并记下时间，注意观察并比较两组动物的神态、姿势及活动情况。

(5)当实验组动物出现角弓反张、乱滚等惊厥反应时，记下时间，并立即给其中1只皮下注射葡萄糖溶液(0.1 mL/10 g体重)，另1只不予抢救。

(6)比较对照组动物、注射葡萄糖的动物以及出现惊厥而未经抢救的动物的活动情况，并分析所得的结果。

【注意事项】

(1)动物在实验前必须饥饿18~24小时。

(2)一定要用pH 2.5~3.5的酸性生理盐水配制胰岛素溶液，因为胰岛素在酸性环境中才有效应。

(3)酸性生理盐水的配制：将10 mL 0.1 mol/L HCl加入300 mL生理盐水中，调整其pH在2.5~3.5，如果偏碱，可加入同样浓度的盐酸调整。

(4)注射胰岛素的动物最好放在30℃~37℃环境中保温，夏天可为室温，冬天则应高些，可到36℃~37℃。因温度过低时，反应出现较慢。

【实验结果】

【结果分析】

【结论】

【实验体会】

【实验成绩】

【实验指导老师签字】

【实验日期】

【思考题】

(1)正常机体内胰岛素如何调节血糖水平?

(2)试分析糖尿病产生的原因及治疗方法。

(彭丽花)

第二节　人体实验

实验二十二・ABO 血型鉴定

【知识点链接】

1. 血型

通常是指红细胞膜上特异性抗原的类型。

2. ABO 血型的分型

根据红细胞膜上是否存在凝集原 A(A 抗原)与凝集原 B(B 抗原)将血液分为 4 种血型。凡红细胞只含 A 凝集原者，称 A 型；如只存在 B 凝集原者，称为 B 型；若 A 与 B 两种凝集原都有者为 AB 型；这两种凝集原都没有者，则为 O 型。不同血型的人的血清中含有不同的凝集素(抗体)，但不含有与他自身红细胞凝集原相对应的凝集素。在 A 型人的血清中，只含有抗 B 凝集素；B 型人的血清中，只含有抗 A 凝集素；AB 型人的血清中没有抗 A 和抗 B 凝集素；而 O 型人的血清中则含有抗 A 和抗 B 凝集素。ABO 血型还存在亚型。

3. 红细胞凝集

正常情况下红细胞是均匀分布在血液中的，如将血型不相容的血液混合，会出现红细胞彼此黏集成团，这种现象称为为红细胞凝集。红细胞凝集的本质是抗原－抗体反应，是免疫反应的一种形式。红细胞凝集成簇的原因是由于每个抗体上具有 2～10 个与抗原结合的部位，抗体可以在若干个相应抗原的红细胞之间形成桥梁，使红细胞聚集成簇。在有补体存在的情况下，凝集的红细胞可发生溶血。

【实验目的】

(1)学会 ABO 血型鉴定的方法，加深对 ABO 血型的分型和鉴定原理的理解。

(2)学会观察红细胞凝集现象。

【实验原理】

根据凝集反应的原理，用已知的抗 A 凝集素和抗 B 凝集素鉴定红细胞膜上未知的凝集原，根据红细胞膜上所含 A、B 凝集原的种类及有无判定血型。

【实验材料】

(1)实验对象：人。

(2)实验器材与试剂：双凹玻片、75% 乙醇棉球，干棉球、采血针、试管、滴管、试管架、牙签、抗 A 和抗 B 标准血清、0.9% 氯化钠溶液(生理盐水)、显微镜。

【实验方法与步骤】

(1)制备红细胞悬液：用 75% 乙醇消毒指尖或耳垂，采血 1～2 滴加入 1 mL 生理盐水混匀即得。

(2)取一块清洁双凹玻片，用蜡笔划上记号，左上角写 A 字，右上角写 B 字。

(3)在 A 侧滴上 1 滴抗 A 标准血清，在 B 侧滴上 1 滴抗 B 标准血清。

(4)玻片的每侧各加入一滴红细胞悬液，用牙签搅拌混匀。每侧用一支牙签，切勿混用。

(5)室温下静置 10 ~ 15 分钟后，观察有无凝集现象，假如只是 A 侧发生凝集，则血型为 A 型；若只是 B 侧凝集，则为 B 型；若两侧均凝集，则为 AB 型；若两侧均未发生凝集，则为 O 型(图 5 - 19)。这种凝集反应的强度因人而异，所以有时需借助显微镜才能确定是否出现凝集。

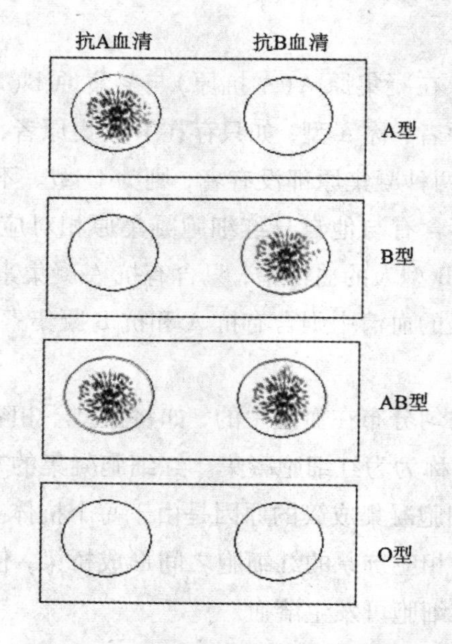

图 5 - 19　ABO 血型鉴定示意图

【注意事项】

(1)加试剂顺序：一般先加标准血清，然后再加红细胞悬液，以便核实是否漏加标准血清。

(2)所用器材必须干燥清洁、防止溶血。

(3)为避免交叉污染，建议使用一次性器材。标准血清从冰箱取出后，应待其平衡至室温后再用，用毕后应尽快放回冰箱保存。

(4)反应时间不能少于 10 分钟，否则较弱凝集不能出现，造成假阴性。

【实验结果】

【结果分析】

【结论】

【实验体会】

【实验成绩】

【实验指导老师签字】

【实验日期】

【思考题】

(1)如何区别血液的凝集和凝固？其机制有何差别？

(2)根据你的血型，判断你能接受何种血型并且能够给何种血型供血？

(3)试想如果出现假阴性会出现何种误判？如何避免？

(彭丽花)

实验二十三·人体心音听诊

【知识点链接】

心动周期中的心肌收缩、瓣膜启闭、血液加速与减速等对血管壁的加压和减压作用以及形成涡流等因素均可引起机械振动，再通过周围组织传到胸壁形成的声音，称为心音。

正常心脏可产生4个心音，但并非同一人身上都能听到。通常只能听到第一心音(S1)和第二心音(S2)，某些健康儿童和青年人也可听到第三心音，但很难与病理性的第二心音分裂区分。心音图上，某些健康人也可记录到第四心音。

第一心音发生在心室收缩期，音调低，持续时间长，主要产生于心室肌收缩和房室瓣突然关闭时的振动。通常第一心音可作为心室收缩期开始的标志。

第二心音发生在心室舒张期，音调高，持续时间短。主要产生于心室舒张时主动脉瓣和肺动脉瓣的突然关闭、血流冲击大动脉根部及心室内壁的振动。第二心音可作为心室舒张期开始的标志。

心音可反映心室收缩和瓣膜功能状态，当瓣膜狭窄或关闭不全(如风湿性心脏病或先天性瓣膜病)而造成血流不畅或倒流现象时，可在第一心音或第二心音之外听到附加的音，称为杂音。例如二尖瓣关闭不全时，心尖区可听到收缩期吹风样杂音；二尖瓣狭窄时心尖区可听到舒张期隆隆样杂音。

【实验目的】

(1)掌握听诊方法，识别第一心音与第二心音，为临床心音听诊打好基础。

(2)了解正常心音的产生机制和特点。

【实验原理】

心音是人体的心脏在收缩和舒张过程中，由于瓣膜开闭、血流冲击血管壁以及形成的涡流所引起机械震动而产生的声音。心音可传至胸壁，将听诊器置于受试者胸壁心前区位置，可直接听到心音。通过心音听诊可计数心率、了解心跳的节律和强弱等情况。

【实验材料】

(1)实验对象：人。

(2)实验器材：听诊器。

【实验方法与步骤】

1. 确定听诊部位

(1)受试者解开上衣，面向光线明亮处静坐在检查者对面。

(2)参照图5－20，认清心音听诊部位。①二尖瓣听诊区：左锁骨中线内侧第5肋间处(心尖搏动处)；②三尖瓣听诊区：胸骨右缘第4肋间处或胸骨剑突下；③主动脉瓣听诊区：胸骨右缘第2肋间处(主动脉瓣第一听诊区)或胸骨左缘第3、4肋间(主动脉瓣第二听诊

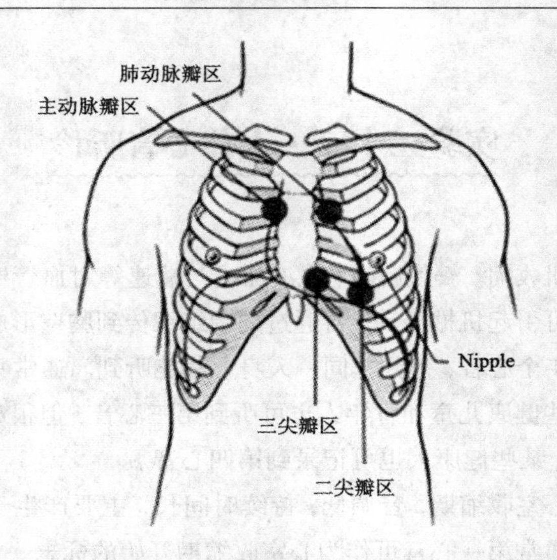

图 5－20　心音听诊部位示意图

区)；④肺动脉瓣听诊区：胸骨左缘第 2 肋间处。

(2)心音听诊

(1)检查者戴好听诊器，以右手拇指、示指和中指轻持听诊器胸件，置于受试者胸壁皮肤上，按二尖瓣、肺动脉瓣、主动脉瓣及三尖瓣听诊区顺序依次听诊。

(2)在每个听诊区，区分 S1 和 S2。根据心音的性质(音调高低、持续时间)和间隔时间的长短来仔细区别 S1 和 S2。若难以区别时，可在听心音的同时，用手触诊颈动脉搏动，与搏动同时出现的心音为 S1。

(3)比较不同听诊部位两个心音的声音强弱。

【注意事项】

(1)保持室内安静，如果呼吸音影响听诊时，可嘱咐受试者暂停呼吸。

(2)正确使用听诊器，听诊器耳器方向应与外耳道一致(向前)。听诊器的胸件要不紧不松地紧贴胸壁皮肤，不要隔着衣服听诊。

(3)操作时尽量减少胸件与胸壁等处摩擦，以免影响听诊效果。

【实验结果】

【结果分析】

【结论】

【实验体会】

【实验成绩】

【实验指导老师签字】

【实验日期】

【思考题】

(1)比较你所听到的 S1 和 S2 有什么不同?

(2)心音听诊区是否就位于各个瓣膜解剖位置在胸壁上的投影点上?

(3)心音听诊一般应包括哪些内容?

(欧 瑜)

实验二十四·人体动脉血压的测量

【知识点链接】

1. 有关血压的几个基本定义

(1)动脉血压：是指在动脉内流动的血液对动脉管壁的侧压强。一般所说的动脉血压是指主动脉血压。

(2)收缩压：心室收缩射血时动脉血压急剧升高达到的最高值。

(3)舒张压：心室舒张时血压下降达到的最低值。

(4)脉压：收缩压与舒张压之差称为脉压。

2. 血压的报告方式

临床上动脉血压的习惯记录方法是收缩压/舒张压 kPa(mmHg)。

3. 动脉血压的正常参考范围

我国成人在安静时收缩压为 13.3 ~ 16.0 kPa(100 ~ 120 mmHg)，舒张压为 8.0 ~ 10.6 kPa(60 ~ 80 mmHg)，脉压为 4.0 ~ 5.3 kPa(30 ~ 40 mmHg)。非同日 3 次测量血压，血压≥140 mmHg 或/和 ≥90 mmHg 者诊断为高血压。收缩压 ≥140 mmHg，但舒张压 <90 mmHg列为单纯收缩期高血压。血压 <90 mmHg/ <50 mmHg 视为血压低于正常水平。

【实验目的】

(1)掌握间接测量人体动脉血压的方法，加深对人体动脉血压正常值的理解。

(2)熟悉台式血压计的构造。

【实验原理】

人体动脉血压测量原理是根据从外界压迫动脉阻断血流所必须的压力来测定的(所测得的血压数值实际上是大于一个大气压的数值)。采用听诊法，测量部位为上臂肱动脉，用血压计的袖带充气，通过在动脉外加压，然后根据血管音的变化来测量血压。

通常血液在血管内流动时没有声音，但如果血液流经狭窄处形成涡流，则发出声音。当缠于上臂的袖带内充气后压力超过肱动脉收缩压时，肱动脉内的血流完全被阻断，此时用听诊器在其远端听不到声音。徐徐放气，降低袖带内的压力，当袖带内压力低于肱动脉收缩压而高于舒张压，血液将断续流过肱动脉而产生声音，在肱动脉远端能听到动脉音。继续放气，当袖带内压力等于舒张压时，血流由断续流动变为连续流动，声音突然由强变弱并消失。

因此，从无声音到刚刚听见的第一个动脉音时的外加压力相当于收缩压，动脉音突然变弱时的外加压力相当于舒张压。

【实验材料】

(1)实验对象：人。

(2)实验器材：台式血压计，听诊器。

【实验方法与步骤】

1. 熟悉血压计的结构

台式血压计由水银检压计、袖带和橡皮充气球三部分组成。检压计是一标有压力刻度的玻璃管，上端通大气，下端和水银槽相通。袖带为外包布套的长方形橡皮囊，借橡皮管分别与检压计的水银槽和充气球相通。橡皮充气球是一个带有螺丝帽的橡皮囊，供充气和放气用。

2. 测量动脉收缩压与舒张压(图 5－21)

(1)受试者静坐 5 分钟，脱去一侧衣袖。

(2)松开充气球气门旋钮，将袖带内的空气排尽再将气门旋钮扭紧。

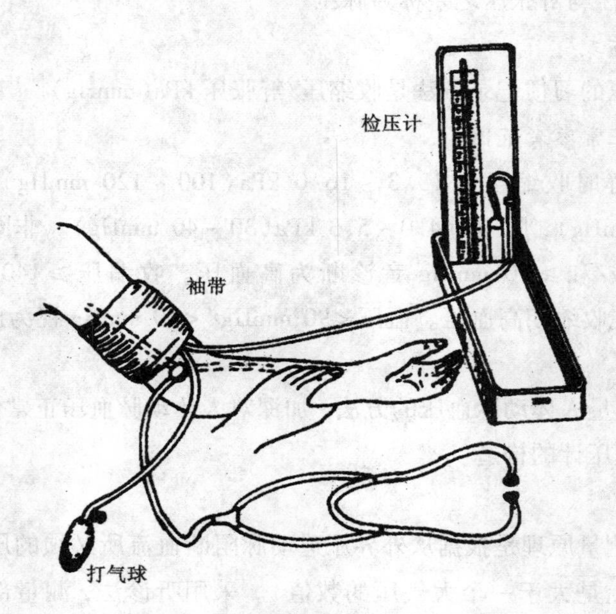

图 5－21 人体动脉血压测量示意图

(3)令受试者将脱了衣袖的前臂平放于桌上，与心脏在同一水平位，手掌朝上，将袖带裹于受试者左上臂，下缘应在肘关节上约 3 cm，松紧适宜。

(4)将听诊器的胸端放在肘窝上肱动脉搏动处(肘窝上 3 cm 处靠内侧)。

(5)将血压计水银柱下开关打开。

(6)先将气门旋纽顺时针扭紧，用橡皮球向袖带内打气加压，使检压计中水银柱逐步上升，使水银柱上升到 24 kPa(180 mmHg)。

(7)然后扭开打橡皮球气门旋钮缓慢放气，此时可听到血管音的一系列变化：声音从无到有，由低而高，而后突然变低，最后完全消失。①在徐徐放气减压时开始听到“砰、砰”的动脉音时，检压计上水银柱的刻度即为收缩压；②继续放气，在动脉音突然由强变弱时(或声音突然消失)的水银柱高度即代表舒张压。

(8)将测得安静时血压的结果记录下来。血压记录常以收缩压/舒张压 mmHg 表示。

【注意事项】

(1)室内必须保持安静，以利听诊。

(2)受试者上臂必须与心脏、血压计“0”刻度处在同一水平。

(3)重复测量血压时，应让水银柱回到零位后再测。

(4)听诊器胸件放在肱动脉搏动处，不可用力压迫动脉，更不能压在袖带底下进行测量。

(5)结束测量后，须将血压计玻璃管内水银全部退入水银槽内，关上水银槽的开关，把压脉带内空气放尽。

【实验结果】

【结果分析】

【结论】

【实验体会】

【实验成绩】

【实验指导老师签字】

【实验日期】

【思考题】

动脉血压受哪些因素影响？测量动脉血压时怎样避免这些因素干扰？

（彭丽花）

实验二十五　人体心电图描记

【知识点链接】

1. 心电图的概念

在一个心动周期中，由窦房结发出的兴奋，依次传播到心房和心室，引起整个心脏兴奋，这种生物电变化可以通过周围的导电组织和体液传播到身体表面。将测量电极置于体表一定部位记录到的心电变化的波形，称为心电图。

2. 心电图的记录

心电图记录的是电压随时间变化的曲线。心电图记录在坐标纸上，坐标纸为由 1 mm 宽和 1 mm 高的小格组成。横坐标表示时间，纵坐标表示电压。通常采用 25 mm/s 纸速记录，1 小格 =1 mm =0.04 秒。纵坐标电压 1 小格 =1 mm =0.1 mV。

3. 正常心电图波形及其生理意义

因引导电极位置和导联方式不同，心电图的波形可有所不同，但基本波形都包含有 P 波、QRS 波群、T 波以及各波之间代表时间的线段，正常心电图波形及其生理意义如下：

P 波：左右两心房的去极化。

QRS：左右两心室的去极化。

T 波：两心室复极化。

PR 间期：从 P 波的起点到 QRS 波的起点。表示从心房开始兴奋到心室开始兴奋的时间。

Q－T 间期：从 QRS 波开始到 T 波结束。表示心室肌开始除极到复极完成的总时间。

S－T 段：从 QRS 波结束到 T 波开始。表示心室各部分都处于去极化状态。

【实验目的】

学习人体心电图的描记方法和心电图波形的测量方法，了解人体正常心电图各波的波形及其生理意义。

【实验原理】

人体是个容积导体，心脏的生物电变化可通过心周围组织传导到体表，心电图是利用心电图机从体表记录心脏每一心动周期所产生的电活动变化图形的技术。心肌细胞膜是半透膜，静息状态时，膜外排列一定数量带正电荷的阳离子，膜内排列相同数量带负电荷的阴离子，膜外电位高于膜内，称为极化状态。静息状态下，由于心脏各部位心肌细胞都处于极化状态，没有电位差，电流记录仪描记的电位曲线平直，即为体表心电图的等电位线。心肌细胞在受到一定强度的刺激时，细胞膜通透性发生改变，大量阳离子短时间内涌入膜内，使膜内电位由负变正，这个过程称为除极。对整体心脏来说，心肌细胞从心内膜向心外膜顺序除极过程中的电位变化，由电流记录仪描记的电位曲线称为除极波，即体表心电图上心房的 P 波和心室的 QRS 波。细胞除极完成后，细胞膜又排出大量阳离子，使膜内电位由正变负，恢复到原来的极化状态，此过程由心外膜向心内膜进行，称为复极。同样心肌细胞复极过程中的电位变化，由电流记录仪描记出称为复极波。由于复极过程相对缓慢，复极波较除极波低。心房的复极波低、且埋于心室的除极波中，体表心电图不易辨认。心室的复极波在体表心电图上表现为 T 波。整个心肌细胞全部复极后，再次恢复极化状态，各部位心肌细胞间没有电位差，体表心电图记录到等电位线。

【实验材料】

(1)实验对象：人。

(2)实验器材：心电图机、检查床、导电膏、分规、放大镜、75%乙醇棉球。

【实验方法与步骤】

1. 准备

(1)让受试者安静、舒适平卧在检查床上，肌肉放松。

(2)将心电图机接好地线，导联线及电源线；接通电源，预热约 5 分钟。

(3)在前臂屈侧腕关节上方及内踝上方安放肢体导联电极；在图 5－22 所示部位安放胸导联电极(一般先选用 V_1、V_3、V_5)。准备安放电极的局部皮肤应先用乙醇清洁，减少皮肤电阻，然后涂上导电膏(或垫一小块浸润生理盐水的纱布棉花)，再将电极与皮肤固定，保证导电良好，以防干扰和基线漂移。

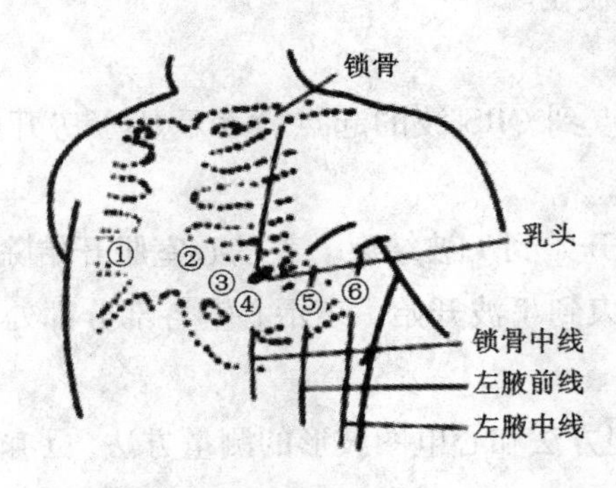

图 5－22 心前导联的电极安置部位

(4)按规定的导联接好导线(有一定的颜色标志)：红色——右手，黄色——左手，绿色——左足，黑色——右足，白色——胸导联。

2. 描记心电图

(1)校正输入信号电压放大倍数：掀动校正键，1 mV 标准电压应使描笔振幅恰好为 10 mm(记录纸上纵坐标 10 小格)。

(2)描记导联心电图：用导联选择开关分别选择标准肢体导联Ⅰ、Ⅱ、Ⅲ，加压单极肢体导联 aVR、aVL、aVF，胸导联 V_1、V_3、V_5 等 9 个导联进行描记。走纸速度 25 mm/s。

(3)在记录纸上注明各导联代号，被试者姓名、年龄、性别及记录日期。

【注意事项】

(1)受试者宜静卧至少数分钟，肌肉尽量放松，避免大呼吸动作；防止寒冷引起肌紧张，甚至寒战，影响记录。

(2)记录心电图时，先将基线调到中央，使图形能在纸中央描出。防止造成基线不稳和干扰的因素。基线不稳或有干扰时，应排除后再进行描记。

(3)记录完毕后，将电极等擦净，心电图各控制旋钮转回关的位置，最后切断电源。

【实验结果】

【结果分析】

【结论】

【实验体会】

【实验成绩】

【实验指导老师签字】

【实验日期】

【思考题】

正常心电图有哪些波段和间期？各有何生理意义？

（马　玲　彭丽花）

实验二十六·肺活量的测定

【知识点链接】

(1)肺活量的概念：最大吸气后再尽力呼气所能呼出的最大气量，是潮气量、补吸气量、补呼气量三者之和。

(2)正常参考范围：男性约3500 mL，女性约2500 mL。

(3)临床意义：肺活量的大小反映一次呼吸时的最大通气能力，是衡量肺通气功能的常用指标。

【实验目的】

了解人体肺通气量的测定方法和正常通气量。

【实验原理】

机体在进行新陈代谢过程中，不断地消耗氧和产生二氧化碳。为了实现机体与环境之间的气体交换，肺必须不断地与外界大气进行通气活动。肺通气量是评定肺功能的指标之一。通过肺量计测定人体肺容量和肺通气量来评定肺的通气功能。

【实验材料】

(1)实验对象：人。

(2)实验器材与试剂：浮筒式或电子肺活量计、吹嘴、75%乙醇。

【实验方法与步骤】

1. 浮筒式肺活量计测量方法

(1)先将肺活量计的外桶盛上水，水量至桶内通气管顶端下3 cm处，将浮筒内空气排出，肺活量计的指针调到零位，关闭排气活塞。

(2)受试者用75%的乙醇棉球将肺活量计的吹嘴进行消毒。

(3)受试者自由站立，一只手握通气管，头部略后仰尽力深吸气后，立即嘴对准吹嘴作最大限度的呼气，记下计量盘上刻度数字。连测3次，取最大一次的读数作为肺活量值。

2. 电子肺活量计测量方法

(1)首先将肺活量计接上电源，按下电源开关，待液晶显示器闪烁“8888”数次后再显示“0”，表明肺活量计已进入工作状态。

(2)将塑料吹嘴从消毒液中取出，插入进气软管一端，进气软管另一端旋入仪表进气口即可开始使用。

(3)受试者自由站立，手握吹嘴下端，头部略后仰尽力深吸气后，迅速捏鼻，然后嘴对准吹嘴，徐徐向仪器内呼气，直至不能再呼气为止。此时，显示器上所反映的数值即为测试者的肺活量值。连续测3次，取最大读数作为肺活量值。

【注意事项】

(1)肺活量计的吹嘴，使用后都要消毒。

(2)受试者被测试前应预先练习，以期适应。

【实验结果】

【结果分析】

【结论】

【实验体会】

【实验成绩】

【实验指导老师签字】

【实验日期】

【思考题】

何谓肺活量？测量肺活量有何意义？

（彭丽花）

实验二十七·人体体温测量

【知识点链接】

1. 体温及其正常值

体温：指身体深部的平均温度，即体核温度。人体温度分为皮肤温度和机体深部温度。皮肤温度随外界温度改变而变化，其各部位间有较大差异。外界温度升高时，皮肤各部位之间的温度差减小。机体深部温度较为恒定，临床上通常用口腔、直肠、腋窝的温度来代表体温，这三个部位体温的正常值分别为36.7℃～37.7℃、36.9℃～37.9℃、36℃～37.4℃。

2. 体温的生理性波动(表5－4)

表5－4 体温的生理性波动

影响因素	体温波动
昼夜变化	正常人的体温在一昼夜之中呈现周期性波动。清晨2～6时体温最低，午后1～6时最高。波动的幅值一般为0.5℃～0.7℃。体温的这种昼夜周期性波动称为昼夜节律或日节律
性　别	女子的体温平均比男子高0.3℃，而且随月经周期而变动(具体内容见生殖内分泌章节)
年　龄	新生儿，特别是早产儿，体温容易受环境温度的影响而变动。老年人代谢率低，体温较低
麻醉药物	麻醉药物通常可抑制体温调节中枢或影响其传入路径的活动，降低了机体对寒冷环境的适应能力
运　动	肌肉活动时代谢增强，产热量明显增高，导致体温升高

3. 体温相对恒定的生理学意义

温度升高，生化反应加速。体内新陈代谢属酶促反应，酶的活性、反应速度亦受温度的影响。因此，体温过高或太低都将影响新陈代谢，严重时可危及生命。

【实验目的】

(1)学会人体体温的测量方法，观察正常人体温及体温的生理变异。

(2)熟悉水银体温计的结构和原理。

【实验原理】

水银体温计有腋表、口表和肛表三种，均由标有刻度的真空玻璃毛细管和下端装有水银的玻璃球组成。腋表球部长而扁，口表的球部细而长，肛表的球部粗而短。水银受热膨胀后，沿着毛细管上升。在球部和管部连接处，有一狭窄部分，防止上升的水银遇冷下降。

【实验材料】

水银体温计(腋表、口表)、乙醇棉球、干棉球。

【实验方法与步骤】

1. 实验准备

将浸泡于0.1%升汞液中消毒的体温计取出，用乙醇棉球擦拭，并将水银柱甩至35℃以下。注意检查体温计是否完好无损。

2. 测量体温

(1)测量口腔温度：受检者静坐数分钟，检查者将口表水银端斜放于受检者舌下，令其闭口静坐，用鼻呼吸，勿用牙咬体温计，5分钟后取出，读数、记录。

(2)测量腋窝温度：受检者静坐数分钟，擦干腋下汗水，检查者将体温计水银端放于受检者腋窝深处紧贴皮肤，令受检者屈臂紧贴胸壁，夹紧体温计，10分钟后取出，读数、记录。

(3)测量运动后体温：受检者原地运动5分钟，立即测量口腔和腋下温度各一次，记录结果，比较同一人、同一部位运动前后体温有何变化。

【注意事项】

(1)甩体温计时不可触及它物，防止损坏体温计。

(2)忌用牙咬体温计，腋表要直接接触皮肤，并夹紧。

(3)测量时间要足够。

【实验结果】

【结果分析】

【结论】

【实验体会】

【实验成绩】

【实验指导老师签字】

【实验日期】

【思考题】

正常人体温是怎样维持相对稳定的，影响体温变化的生理因素有哪些？

（马　玲）

实验二十八・瞳孔对光反射和近反射

【知识点链接】

正常瞳孔的直径可在1.5～8.0 mm进行调节。在生理状态下，引起瞳孔调节的情况有两种，一种是由所视物体的远近引起的调节，另一种是由进入眼内的光线的强弱引起的调节。

当眼处于不同环境的光线刺激时，瞳孔的大小可随光线的强弱而改变，即弱光下瞳孔散大，强光下瞳孔缩小，称为瞳孔对光反射。其意义在于通过改变瞳孔的大小，调节进入眼内的光线的量，在强光下避免视网膜受损，在弱光下产生清晰视觉，由于瞳孔对光反射的中枢在中脑，反应灵敏，便于检查，临床上常把它作为判断中枢神经系统病变部位、全身麻醉的深度和病情危重程度的重要指标。

看近物时，可反射性地引起双侧瞳孔缩小，这种现象称为瞳孔的近反射，也称瞳孔调节反射。其意义是控制进入眼内的光线量，避免过多的光线刺激，减少折光系统造成的球面像差和面像差，使物像更为清晰。

【实验目的】

(1)掌握瞳孔对光反射的检查方法。

(2)了解近反射的检查方法。

【实验原理】

瞳孔的主要功能是调节进入眼内的光量。正常人当射入眼内的光线强度发生改变时，能反射性的引起瞳孔直径的变化，弱光下瞳孔散大，强光下瞳孔缩小，称为瞳孔对光反射。由于神经支配的特点，这种反射是双侧性的。

【实验材料】

(1)实验对象：人。

(2)实验器材：手电筒。

【实验方法与步骤】

1. 瞳孔对光反射

(1)在光线较暗处，先观察被检查者两眼瞳孔大小，然后用手电筒照射被检查者一侧眼，立即观察受照眼瞳孔有何变化。停止照射，再观察瞳孔有何变化。

(2)用手沿鼻梁将两眼视野分开，让被检查者两眼直视远方，再用手电筒照射一侧眼，观察另侧眼瞳孔有何变化。

2. 瞳孔近反射

让被检查者注视正前方远处某一物体，检查者观察其瞳孔大小。然后要求被检查者两眼注视由远迅速向眼前移动的物体，同时观察被检查者瞳孔直径的变化，并注意有无两眼球会聚现象。

【注意事项】

被检查者应注视 5 m 以外处，不可注视灯光，以免影响检查结果。

【实验结果】

【结果分析】

【结论】

【实验体会】

【实验成绩】

【实验指导老师签字】

【实验日期】

【思考题】

检查瞳孔对光反射有何意义？

（彭丽花）

实验二十九·视力测定

【知识点链接】

视力又称视敏度，指眼分辨物体细微结构的能力，即分辨物体上两点间最小距离的能力，通常以视角的大小作为衡量标准。所谓视角，是指物体上两点发出的光线射入眼球后，在节点交叉时所形成的夹角。眼能辨别两点所构成的视角越小，表示视力越好；反之，视力越差。国际标准视力表就是依据这个原理设计的。当视角为 1 分时，视网膜上物像的两点距离约为 5 μm，稍大于一个视锥细胞的直径，此时两点间刚好隔开一个未被兴奋的视锥细胞(一个视锥细胞的直径一般为 2 ~6 μm)，于是冲动传入中枢后可形成两点分开的感觉。

【实验目的】

学习视力测定的方法，了解其检查的临床意义。

【实验原理】

能看清文字或图形所需的最小视角是确定人视力的依据。临床规定，当视角为 1 分角时，能看清物体细致形象的视力为正常视力。视力表依据这个原理设计，国际标准表是由大小、方向不同的“E”字排列而成，表上 12 排“E”形符号由上而下逐级缩小。当受视者距离 5 m 处能辨认第 10 行字，即认为是正常视力，规定其为 1.0，按对数视力表表示为 5.0。

【实验材料】

(1)实验对象：人。

(2)实验器材：标准对数视力表、指示棒、米尺、遮眼板。

【实验方法与步骤】

(1)将视力表挂在光线充足、照明均匀的墙上，表上第 11 行字与受检者眼睛在同一水平高度。受检者站或坐在距视力表前 5 m 处，用遮眼板遮一侧眼后，测试另一侧眼的视力。一般先测试右眼，后测试左眼。

(2)检查者用指示棒从上往下逐行指示表上符号，每指一符号，令受检者说出表上“E”缺口的方向，直至不能辨认为止。受检者能分辨的最后一行符号的表旁数值，即代表受检者该侧眼的视力。

(3)用同法检查另一眼的视力。

【注意事项】

(1)遮眼板的遮眼范围及与眼的距离要适宜，避免用力压迫。

(2)须避免炫目光线。

【实验结果】

【结果分析】

【结论】

【实验体会】

【实验成绩】

【实验指导老师签字】

【实验日期】

【思考题】

(1)视角大小与视力有何关系?

(2)试解释近视、远视、散光的产生原因与矫正方法。

(彭丽花)

实验三十 · 色盲检查

【知识点链接】

人眼对颜色的识别能力是靠视网膜上的视锥细胞，关于视锥细胞色觉功能的原理，一般用三原色学说予以解释。该学说认为，视网膜中有三种视锥细胞，分别含有对红、绿、蓝三种光敏感的视色素。当某一波长的光线作用于视网膜时，可以一定比例的使三种视锥细胞产生不同程度的兴奋，这样的信息传至中枢，就会产生某一种颜色的感觉。例如，红、绿、蓝三种视锥细胞兴奋的比例为4∶1∶0时，产生红色视觉；三者比例为2∶8∶1时，产生绿色视觉；三者比例为4∶1∶18时，产生蓝色视觉；当三种视锥细胞受到同等程度的三色光刺激时，将引起白色的视觉。

【实验目的】

检查两眼对颜色的辨别能力，学习一种检查色盲的方法。

【实验原理】

视锥细胞的缺失会导致眼对颜色的识别能力的降低或缺失，这在临床上称为色盲。常见为部分色盲，完全色盲少见。检查色盲通常用色盲检查图，也可用比色法，后者为受试者在各种颜色的绒线束中检出与标准相类似的线束，以判断其颜色的辨别能力。

【实验材料】

(1)实验对象：人。

(2)实验器材：色盲检查图。

【实验方法与步骤】

在明亮而均匀的自然光线下，将色盲检查图放在距离眼睛50～100 cm的地方，两眼一同辨认。首先辨认第一页都能认出的数字，以熟悉检查方法。然后再逐图辨认。注意受试者回答是否正确，回答问题应在规定的时间内，一般为10秒。辨认完全无误者为色觉正常，辨认错误者，将检查结果与色盲检查图后的判断说明进行对照，确定为何种色盲。

【注意事项】

(1)检查应在明亮、均匀的自然光线下进行，不宜在直射日光或灯光下检查，以免影响检查结果。

(2)读图速度越快越好，速度太慢影响检查结果，以致对色弱者不易检出。一般3秒左右可得答案。

【实验结果】

【结果分析】

【结论】

【实验体会】

【实验成绩】

【实验指导老师签字】

【实验日期】

【思考题】

试思考色盲会受到哪些职业的限制？

（彭丽花）

实验三十一·视野测定

【知识点链接】

视野是单眼固定注视正前方某一点时所能看到的空间范围。正常人视野的大小与面部结构有关，鼻侧和额侧的较窄，颞侧和下侧的较宽。在同一光照条件下，各种颜色的视野大小也不一样，其中白色的视野最大，其次是黄色、蓝色，再次红色，绿色视野最小。这可能与视网膜中不同感光细胞在视网膜上的分布有关。测定视野有助于了解视网膜、视觉传导通路和视觉中枢的功能，有助于帮助诊断某些视网膜、视路的病变。

【实验目的】

学习视野计的使用方法，学会测定正常人白、红、黄或蓝、绿各色视野，了解测定视野的意义。

【实验原理】

单眼固定注视正前方某一点时所能看到的空间范围称为视野，视野的最大界限以它和视轴(单眼注视外界某一点时，此点的像正好在视网膜黄斑中央凹处，连接这两点的假线即视轴)所形成夹角的大小来表示，可用视野计检查视野的大小。

【实验材料】

(1)实验对象：人。

(2)实验器材：视野计，各色(白、红、黄、绿)视标棒，视野图纸，铅笔。

【实验方法与步骤】

(1)观察视野计构造，熟悉视野计的使用方法。视野计的样式颇多，最常用的是弧形视野计(图5-23)。它是一个安在支架上的半圆弧型金属板，可围绕水平轴旋转360°。该圆弧上有刻度，表示由点射向视网膜周边的光线与视轴之间的夹角。视野界线即以此角度表示。在圆弧内面中央装一个固定的小圆镜，其对面的支架上附有可上下移动的托颌架。测定时，受试者的下颌置于托颌架上。托颌架上方附有眼眶托，测定时附着在受试者眼窝下方。此外，视野计附有各色视标，在测定各种颜色的视野时使用。

(2)将视野计放在光线充足的桌子上，让受试者背对光线，面对视野计坐下，下颌放在托颌架上，眼眶下缘靠在眼眶托上(简易视野计无托颌架，仅有眼眶托)，使眼恰与弧架的中心位于同一水平面上。

(3)先将弧架摆在水平位置，遮住左眼，用右眼注视弧架的中心点。实验者从周边向中央慢慢移动贴有白色纸片的视标棒。随时询问受试者是否看见了白色视标。当受试者回答看到时，就将视标棒移回一些，然后再向前移，重复试一次。待得出一致结果后，就将受试者刚能看到视标时视标所在的点标在视野图纸的相应经纬度上。

(4)将弧架转动45°，重复上述的操作。如此继续下去，分别测定0°、45°、90°、135°、

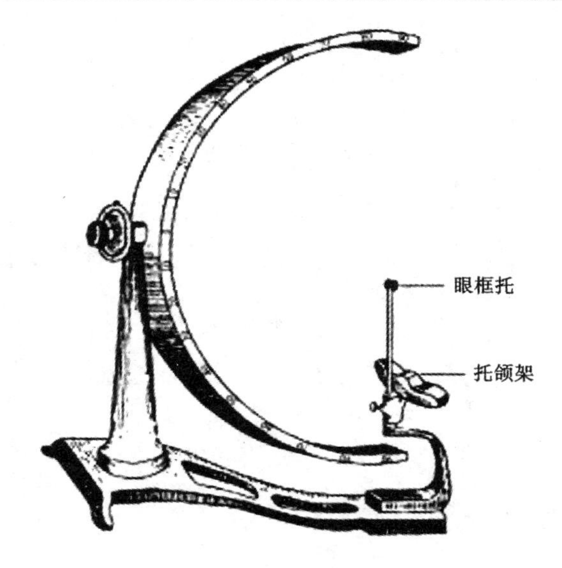

图 5－23 视野计

180°、225°、270°、315°的视野范围，共操作 8 次，得出 8 个点。将视野图纸上测得的 8 个点依次连成光滑的封闭曲线，就得出白色视野范围。

（5）按相同的操作方法，分别测定红、黄、绿各色视野。

（6）同样方法测出左眼的视野。

【注意事项】

（1）受试者单眼固定注视视野计中心的白点，测试该眼视野。

（2）色标的颜色应标准纯正。

（3）测试时，视标棒移动速度要慢。

【实验结果】

【结果分析】

【结论】

【实验体会】

【实验成绩】

【实验指导老师签字】

【实验日期】

【思考题】

如何解释各色视野和光亮视野的不同？

（马 玲）

实验三十二・声音传导的途径

【知识点链接】

正常情况下，声音传入内耳的途径有两种：气传导和骨传导。

1. 气传导

主要指声波经外耳道引起鼓膜振动，再经 3 块听小骨和卵圆窗膜传入内耳；同时，鼓膜振动也可以引起鼓室内空气的振动，再经圆窗将振动传入内耳。正常听觉的产生主要通过气传导来实现。

传音途径：鼓膜→听骨链→卵圆窗→前庭阶外淋巴→蜗管中的内淋巴→基底膜振动→毛细胞微音器电位→听神经动作电位→颞叶皮质。

在听小骨病变、损坏时的主要传音途径：鼓膜→中耳鼓室→圆窗→鼓阶中外淋巴→基底膜振动。

2. 骨传导

声波可以直接经颅骨和耳蜗骨壁传入内耳，使耳蜗内淋巴振动而产生听觉。在正常听觉功能中由骨导传入耳蜗的声能甚微，所以对听觉产生的意义不大，但骨导在耳聋鉴别诊断中具有意义。

由于有中耳的增益放大作用，气传导的效率远远大于骨传导，正常人主要以气传导传递声波。但当气传导发生障碍时，骨传导的效应会相应提高。在患有传音性、传导性耳聋时，病耳的骨传导大于气传导，若患感音性、神经性耳聋则气传导和骨传导均有不同程度的减退。

【实验目的】

(1) 了解并比较声音传导的两种方式和途径。

(2) 掌握检测声音传导途径的方法。

【实验原理】

声音传入耳蜗有气传导和骨传导两条途径，听力正常者气传导时程比骨传导时程持续时间长，即林纳试验阳性；当听力正常人的传音通路受阻时，气传导时程缩短，等于或小于骨传导时程，即林纳试验阴性。

正常情况下，人的两耳感受功能相同，骨传导的敏感性比气传导低得多，故在正常听觉中引起的作用甚微。但当鼓膜或中耳病变引起传音性耳聋，或其他原因导致外耳至中耳的传音受损时，气传导明显受损时，但骨传导却不受影响，甚至相对增强，即魏伯试验。

本实验通过敲击音叉，先后将音叉置于颞骨乳突部和外耳道口处，证明上述两条传播途径的存在，并比较两种传播方式的不同特征。

【实验材料】

(1)实验对象：人。

(2)实验器材；音叉(256 Hz或512 Hz)，胶管，橡皮锤，棉球。

【实验方法与步骤】

(1)比较同侧耳的气传导和骨传导(林纳试验)

(1)保持室内安静，受试者取坐姿，检查者敲响用橡皮锤敲响音叉后，立即置音叉柄于受试者被检侧的颞骨乳突部，此时受试者可以听到音叉振动的声音(事先告诉受试者，当听到音叉响时，立即举手示意，当声音消失时，立即将手放下)。受试者刚刚听不到声音时立即将振动的音叉置于受试者外耳道口1 cm处，此时受试者又可重新听到声音。相反，先将振动的音叉置于受试者外耳道口1 cm处，问受试者能否听到声音。待听不到声音后，再将音叉柄置于颞骨乳突部，受试者仍听不到声音。这说明正常人气传导时间比骨传导时间长，临床上称为林纳试验阳性。

(2)用棉球塞住受试者同侧外耳道(相当于空气传导途径障碍)，重复上述试验，出现空气传导时间等于或小于骨传导时间，称为林纳试验阴性。

(2)比较两耳的骨传导(魏伯试验)

(1)用橡皮锤叩击音叉后，将正在振动的音叉柄置于前额正中发际处，问受试者两耳同时感受声音的强弱有无差别(正常人两耳感受到的强度相等)。

(2)用棉球塞住受试者一侧外耳道，重复上述操作，问受试验者两耳听到的声响有何不同(正常人被塞棉球一侧听到的声音更响)。

临床根据林纳试验和魏伯试验结果，大致可判断耳聋的性质(表5-5)。

表5-5 声音传导测试结果判断

检查方法	结果	临床判断
魏伯试验	两耳相同(两侧骨传导相同)	正常耳
	偏向患侧(患侧气传导干扰减弱)	传音性耳聋
	偏向健侧(患侧感音功能障碍)	感音性耳聋
林纳试验	阳性(气传导 > 骨传导)	正常耳
	阴性(气传导 < 骨传导)	传音性耳聋

【注意事项】

(1)当敲击音叉时，用力不可过猛，切忌在坚硬物品上敲击以防损害音叉，可在手或大腿上敲击。

(2)音叉放在外耳道口时，两者相距1 cm，并且音叉叉支震动方向要正对外耳道，同时应防止音叉叉支触及耳郭、皮肤及毛发。

【实验结果】

【结果分析】

【结论】

【实验体会】

【实验成绩】

【实验指导老师签字】

【实验日期】

【思考题】

(1)你如何判定患者是传音性耳聋还是神经性耳聋?

(2)简述对骨传导和气传导的理解。

(马 玲)

实验三十三・人体腱反射的检查

【知识点链接】

1. 牵张反射的概念和特点

有神经支配的骨骼肌，在受到外力牵拉而使其伸长时，能反射性引起受牵拉的同一块肌肉收缩，称牵张反射。反射的感受器和效应器在同一块肌肉内，是该反射的显著特点。

2. 牵张反射的过程(图 5 – 24)

肌肉受牵拉 → 肌梭被拉长 → 肌梭感受器(+)

↓

I_a、Ⅱ类纤维传入冲动增加

↓

脊髓前角 α 神经元(+)

↓

同一块肌肉梭外肌收缩←α 传出纤维传出兴奋提高

图 5 – 24　牵张反射的过程

γ 环路见图 5 – 25。

γ 传出纤维活动增强→ 梭内肌收缩

↓

肌梭核袋装置受牵拉

↓

I_a类纤维传入冲动增加

↓

脊髓前角 α 神经元(+)

↓

同一块肌肉收缩 ←α 传出纤维传出兴奋提高

图 5 – 25　γ 环路

3. 两种牵张反射的比较

两种牵张反射的比较见表 5 – 6。

表5－6　两种牵张反射的比较

类型	感受器	效应器	特　点	作　用
腱反射	肌梭(核袋纤维)	肌肉收缩较快的快肌纤维	位相性牵张反射(单突触反射)	快速牵拉肌腱引起肌肉明显收缩(等张收缩)
肌紧张	肌梭(核链纤维)	肌肉收缩较慢的慢肌纤维	紧张性牵张反射(多突触反射)	缓慢、持续牵拉肌腱引起肌肉轻度、持久收缩，产生一定的张力，但无明显肌纤维缩短(等长收缩)

【实验目的】

熟悉几种人体腱反射的检查方法，以加深理解牵张反射的作用机制。

【实验原理】

牵张反射是最简单的躯体运动反射，包括肌紧张和腱反射两种类型。腱反射是指快速牵拉肌腱时发生的牵张反射。腱反射是一种单突触反射，其感受器是肌梭，中枢在脊髓前角，效应器主要是肌肉收缩较快的快肌纤维成分。腱反射的减弱或消退，常提示反射弧的传入、传出通路或脊髓反射中枢的损害或中断。而腱反射的亢进，则提示高位中枢的病变。因此，临床上常通过检查腱反射来了解神经系统的功能状态。

【实验材料】

(1)实验对象：人。

(2)实验器材：叩诊槌。

【实验方法与步骤】

(1)受试者应予以充分合作，避免精神紧张和意识性控制，四肢保持对称、放松。如果受试者精神或注意力集中于检查部位，可使反射受到抑制。此时，可用加强法予以消除。最简单的加强法是叫受试者主动收缩所要检查反射以外的其他肌肉。

(2)肱二头肌反射：受试者端坐位，检查者用左手托住受试者右肘部，左前臂托住受试者的前臂，并以左手拇指按于受试者的右肘部肱二头肌肌腱上，然后用叩诊槌叩击检查者自己的左拇指。正常反应为肱二头肌收缩，表现为前臂呈快速的屈曲动作(图5－26)。

(3)肱三头肌反射：受试者上臂稍外展，前臂及上臂半屈成90°。检查者以左手托住其右肘部内侧，然后用叩诊槌轻叩尺骨鹰嘴的上方1～2 cm处的肱三头肌肌腱。正常反应为肱三头肌收缩，表现为前臂呈伸展运动(图5－27)。

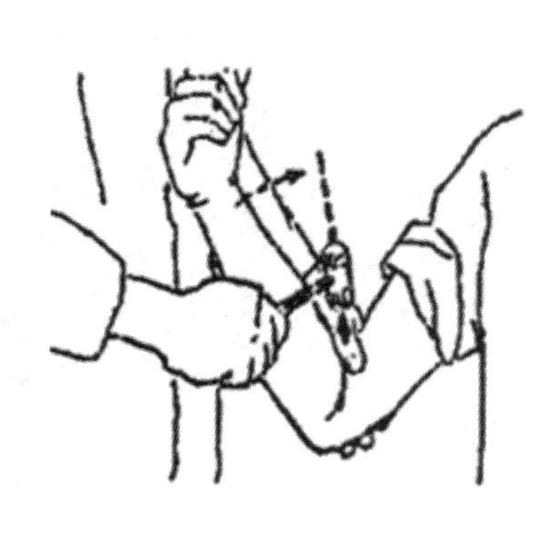
图 5－26　肱二头肌反射

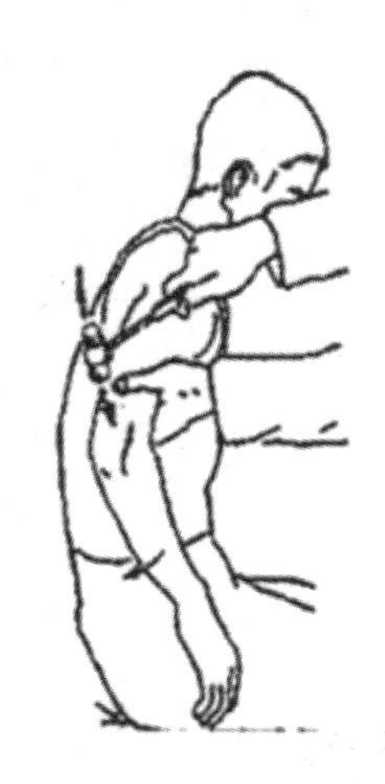
图 5－27　肱三头肌反射

4. 膝反射：受试者取坐位，双小腿自然下垂悬空。检查者以右手持叩诊槌，轻叩膝盖下股四头肌肌腱。正常反应为小腿伸直动作（图 5－28）。

（5）跟腱反射：受试者跪于椅子上，下肢于膝关节部位呈直角屈曲，踝关节以下悬空。检查者以叩诊槌轻叩跟腱。正常反应为腓肠肌收缩，足向跖面屈曲（图 5－29）。

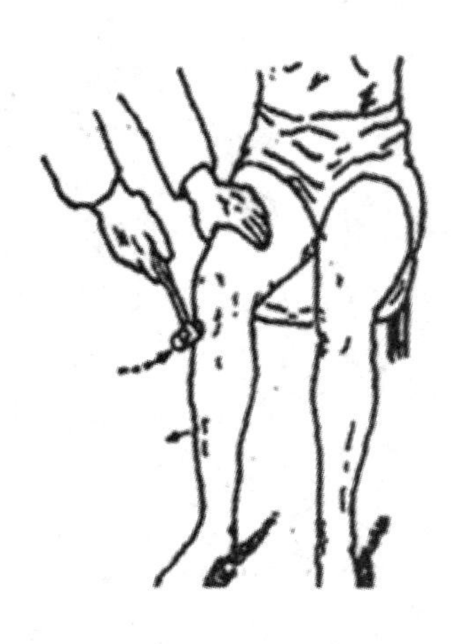
图 5－28　膝反射

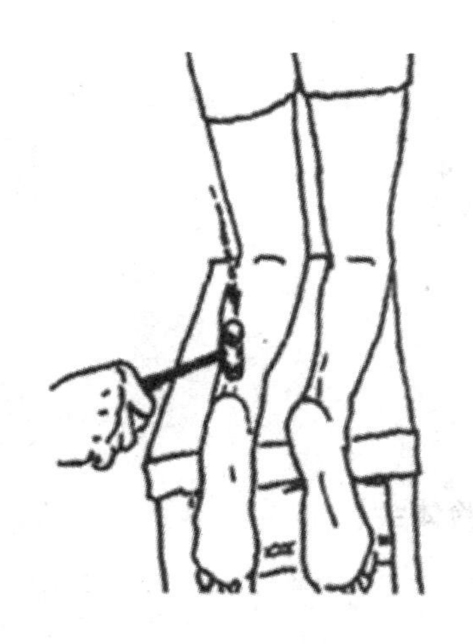
图 5－29　跟腱反射

【注意事项】

（1）检查者动作宜轻缓，消除受检者紧张情绪。

（2）受检者不要紧张，四肢肌肉放松。

（3）每次叩击的部位要准确，叩击的力度要适中。

【实验结果】

【结果分析】

【结论】

【实验体会】

【实验成绩】

【实验指导老师签字】

【实验日期】

【思考题】

以膝反射为例，说明从叩击股四头肌肌腱到引起小腿伸直动作的全过程。

（钟　轶）

第三部分 设计探索性实验

实验三十四·减压神经放电与动脉血压神经调节的机制分析

【知识点链接】

(一)神经系统对动脉血压的调节

最重要的是颈动脉窦－主动脉弓压力感受性反射。其反射弧、调节机制以及生理意义如下：

1. 反射弧

颈动脉窦压力感受器的传入神经纤维是窦神经，汇入舌咽神经；主动脉弓压力感受器的传入神经纤维是主动脉神经，汇入迷走神经。传入神经进入延髓并在孤束核换元后，再与心血管中枢发生广泛的联系。压力感受性反射的传出神经是心迷走神经、心交感神经和交感缩血管神经，效应器为心脏和血管。

2. 调节机制

当动脉血压突然升高时，动脉血管壁被牵张，经压力感受器传入的冲动增多，传入神经进入延髓，同时与高位中枢发生联系，使心迷走中枢的紧张性活动增强，心交感中枢和交感缩血管中枢的紧张性活动减弱，使心率减慢，心脏收缩力减弱，心输出量减少；同时血管舒张，外周阻力下降，结果是动脉血压下降。所以压力感受性反射是当动脉血压突然升高时，通过对压力感受器的刺激，反射性地使血压迅速回降到正常范围的过程。故颈动脉窦和主动脉弓压力感受器反射又称为减压反射。相反，当血压突然降低，对颈动脉窦和主动脉弓压力感受器的刺激减弱，传入中枢的冲动减少，通过中枢的整合作用后，使动脉血压回升到正常范围。

3. 生理意义

压力感受性反射是典型的负反馈调节，且具有双向的调节能力；压力感受性反射在心输出量、外周阻力、血量等发生突然改变的情况下，对动脉血压进行快速、准确的调节，使动脉血压稳定在正常范围之内。由于高血压病患者的压力感受器产生了适应现象，对牵张刺激的敏感性降低，压力感受器反射在一个高于正常水平的范围内工作，故血压保持在较高水平。

(二)体液因素对动脉血压的调节

1. 全身性体液调节

如肾素－血管紧张素系统、肾上腺素和去甲肾上腺素、血管升压素、乙酰胆碱等。

2. 局部性体液调节

如激肽、缓激肽、心房钠尿肽、前列腺素、阿片肽、组胺等。

3. 正常减压神经放电的基本波形特征

减压神经伴随血压波动而呈现群集性放电，电压为 100 ~ 200 μV；从监听器中可听到如火车开动样的“轰轰”声。

【实验目的】

(1)学习记录神经放电的基本方法。

(2)观察药物等因素引起动脉血压变动时与减压神经传入冲动发放的相互关系，加深对减压反射的理解和认识。

【实验原理】

正常生理情况下，人和某些哺乳动物的动脉血压处于相对稳定状态，这种相对稳定状态是通过神经、体液因素的调节来实现的，其中以颈动脉窦 – 主动脉弓压力感受性反射(即减压反射)尤为重要。此反射既可使突然升高的血压降低，又可使突然降低的血压升高，起着缓冲动脉血压波动的作用。主动脉神经是主动脉弓压力感受器的传入纤维，当动脉血压突然升高或者降低时，主动脉弓压力感受器经主动脉神经传入的冲动也随之增强或减弱，使压力感受器反射相应增强或者减弱，使血压相应降低或升高，以保持动脉血压的相对稳定，多数哺乳动物的主动脉神经在颈部汇入迷走神经，而家兔的主动脉神经在解剖上是独立的一条(又称为减压神经)，易于分离。因此，可以在颈部分离兔的减压神经，用保护电极记录其在基础状态下的放电，并且通过药物等引起血压改变时观察放电频率的变化，进而理解减压反射的作用。

【实验材料】

(1)实验对象：家兔，雌雄不拘，体重 2 ~ 3 kg。

(2)实验药品与器材：0.9% 氯化钠溶液(生理盐水)、医用液体石蜡、1% 肝素、20% 氨基甲酸乙酯、1:10000 去甲肾上腺素溶液、1:100000 乙酰胆碱溶液。哺乳类动物手术器材 1 套、注射器(20 mL、5 mL 各 1 只，1 mL 2 只)、气管插管、动脉插管、针头、玻璃分针、BL – 420 生物功能实验系统、双极引导电极及其固定支架、兔手术台、纱布等。

【实验方法与步骤】

1. 动物麻醉与固定

用 20% 氨基甲酸乙酯(5 mL/kg)经家兔耳缘静脉缓慢注射，待动物麻醉后(麻醉的成功标准为角膜反射消失、四肢肌紧张减弱、呼吸深而平稳)，将其仰卧位固定于兔手术台上(注意前肢须背后交叉固定)。

(2)动物手术

(1)暴露气管：剪去颈部兔毛(注意：剪刀应平贴皮肤毛根部，切忌提起被毛剪，以免剪破皮肤)，沿正中线切开皮肤 5 ~ 7 cm，用止血钳分离皮下组织，暴露胸舌骨肌，用止血钳于正中线处分开肌肉，即可暴露气管。

(2)分离颈部的神经和血管：用止血钳将气管上方的皮肤和肌肉拉开，即可在气管两侧见到与气管平行的左、右颈总动脉。颈总动脉旁有一束神经与动脉伴行，这束神经中包含有迷走神经，交感神经和减压神经。三条神经均与动脉平行，迷走神经最粗，交感神经较细，减压神经最细，且常与交感神经紧贴在一起。先用玻璃分针分离右侧的减压神经和交感神经，然后分离出颈总动脉和迷走神经，在各条神经和颈总动脉下分别穿不同颜色的丝线备用，再分离左侧颈总动脉（至少要分离 2 ~ 3 cm），并在其下穿过两根丝线，作结扎和固定动脉插管用（图 5 – 30），然后仔细分离出该侧的颈动脉窦，准备压迫时用。

（3）动物、插管肝素化：经家兔耳缘静脉注射肝素（1000 U/kg），1 分钟后再进行下一步骤，使肝素在体内血液中混合均匀，并在动脉插管和压力换能器内充满肝素，排除插管及压力腔内的全部空气。

（4）动脉插管：在左颈总动脉的远心端穿线结扎，以动脉夹夹住动脉的近心端，靠近心端备一丝线，系一活结，结扎处与动脉夹一般应相距 2 cm 以上。用眼科剪在尽可能靠近远心端结扎处作一斜形切口，约切开管径的一半，然后将动脉插管向心脏方向插入血管，用已穿好的丝线扎紧插入血管的插管尖嘴部分，以防插管从插入处滑出。插好后保持插管与动脉的方向一致，不可随意牵拉，防止血管壁被插管口刺破（图 5 – 31）。

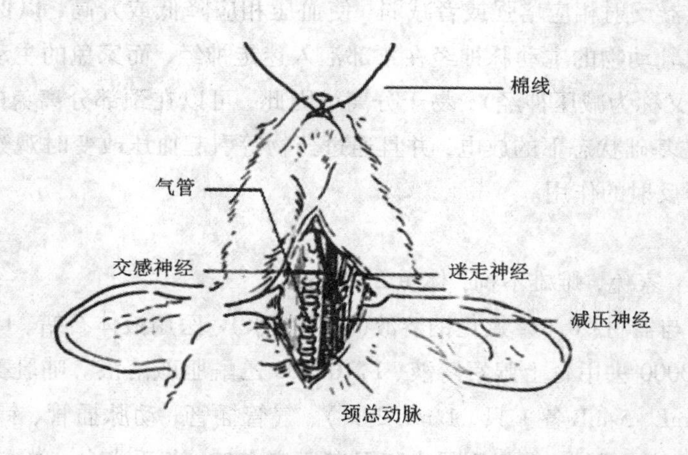

图 5 – 30　家兔颈部神经和血管示意图

3. 仪器操作

（1）将压力换能器固定在支架上，调节压力换能器位置使其与兔心脏保持水平位。其输出端连接到 BL – 420 生物功能实验系统 1 通道，记录血压变化。另一端有两个小管，分别于三通管相连，三通管的一个接头与动脉插管相连。将神经引导电极导线端连于机能实验系统 2 通道，记录放电活动，调整相应参数（时间常数：0.01；高频滤波：20kHz）。打开计算机，从实验系统主界面依次选择“实验项目”→“循环实验”→“减压神经放电”项。

（2）将切开的皮肤做成皮兜，向兜内注入 40℃ 液体石蜡，浸没减压神经和电极，防止神经干燥，保持局部温度。将神经放到引导电极上，注意使电极悬空不触及周围组织。

（3）一切准备完毕后，打开压力换能器三通上的开关，使动脉插管与压力换能器相通，并移去动脉夹，点击“开始”，记录曲线（图 5 – 32）。

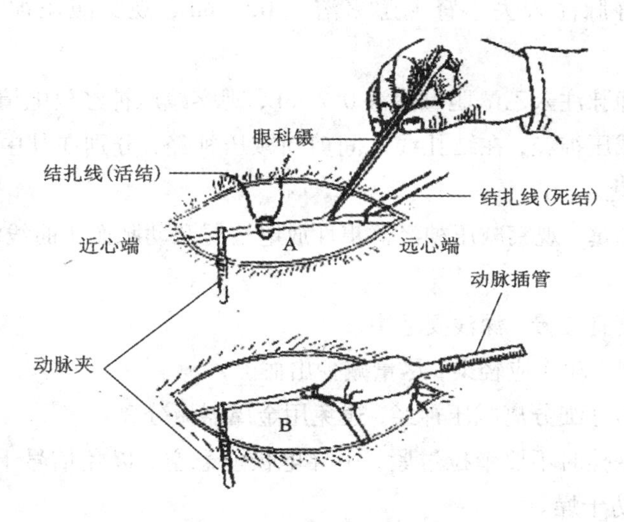

图 5-31　动脉插管示意图

A：插管前；B：插管后

【观察项目】

(1)记录正常减压神经冲动发放的情形以及动脉血压曲线。

1)减压神经呈簇状放电，神经放电幅度与心动周期中动脉血压的变化呈正相关(图 5-32)。

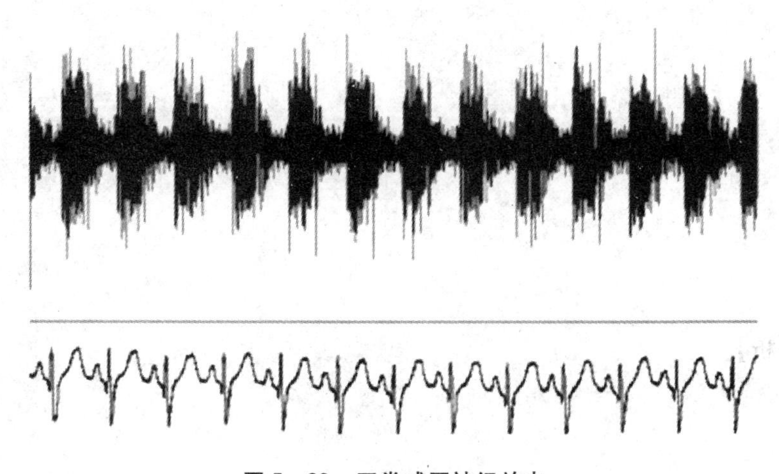

图 5-32　正常减压神经放电

上图：减压神经放电；下图：心电图

2)动脉血压曲线有时可以看到三级波(见实验十二图 5-12)。

(2)适度牵拉插管侧颈总动脉，观察减压神经放电情况及血压有何变化。

(3)夹闭对侧颈总动脉，观察减压神经放电情况及血压有何变化。

(4)经兔耳缘静脉注入去甲肾上腺素溶液0.3 mL，观察减压神经放电情况及血压变化。

(5)经兔耳缘静脉注入乙酰胆碱溶液0.2 mL，观察减压神经放电情况及血压变化。

(6)双重结扎减压神经，在结扎线之间剪断减压神经，分别在其中枢端和外周端记录放电情况及血压变化。

(7)压迫颈动脉窦，观察减压神经群集性放电情况和动脉血压曲线的变化。

【注意事项】

(1)麻醉的速度宜缓慢，深浅要适中。

(2)手术操作时，动作应轻柔，尽量减少出血。

(3)准确辨认与仔细分离减压神经，避免用金属器械分离。

(4)减压神经悬挂时不要牵拉过紧，引导电极应悬空，以免信号干扰，减压神经上要常滴加石蜡油，以防干燥。

(5)分离动脉、神经时，应使用玻璃分针，切勿用手术刀、剪或有齿镊。确保减压神经上的结缔组织要分离干净。

(6)避免药品污染。

(7)待前一项结果平稳后，再进行下一项。

【实验结果】

【结果分析】

【结论】

【实验体会】

【实验成绩】

【实验指导老师签字】

【实验日期】

【思考题】

(1)减压神经放电和动脉血压有何关系？

(2)根据实验结果，分析减压神经是传出神经还是传入神经？

（吴起清）

实验三十五 · 肺表面张力对肺弹性阻力的影响

【知识点链接】

1. 肺通气的阻力

包括弹性阻力和非弹性阻力，前者是平静呼吸时的主要阻力，约占总阻力的70%，后者约占总阻力的30%。弹性阻力是指弹性组织在外力作用下变形时所产生的对抗变形的力，其包括肺弹性阻力和胸廓弹性阻力。弹性阻力大者不易发生变形，弹性阻力小者易变形。其中肺弹性阻力包括肺泡表面张力和肺组织本身的弹性回缩力，前者约占肺弹性阻力的2/3，后者约占1/3。

2. 肺泡表面张力和肺表面活性物质

肺泡内壁存在着一层极薄的液体，与肺泡内气体形成液－气界面，从而产生表面张力。其作用是使肺泡回缩，对抗肺的扩张，并有助于毛细血管中的血浆渗入肺泡，形成肺水肿。但是这种情况实际上是不会出现的，因为肺泡内有肺表面活性物质的存在。肺表面活性物质是一种由肺泡Ⅱ型上皮细胞合成和分泌的脂蛋白混合物，分布在肺液体分子层的表面。其主要生理意义是降低肺泡表面张力，从而保持肺的扩张状态，防止肺水肿的发生以及维持肺泡的稳定性。

3. 顺应性

顺应性是指在外力作用下弹性组织的可扩张性，是分析呼吸系统弹性阻力的静态指标。肺顺应性与肺弹性阻力呈反变关系，弹性阻力大者扩张性小，即顺应性小；相反，弹性阻力小者则顺应性大。在某些病理情况下，如肺充血、肺水肿、肺纤维化等，弹性阻力增大，肺顺应性减小，肺不易扩张，可引起呼吸困难；肺气肿时，因弹性组织破坏，弹性阻力减小，肺顺应性增大，由于肺回缩力减小，也可引起呼气困难。

【实验目的】

(1)学习离体肺顺应性的测定方法。

(2)观察肺泡表面张力在肺弹性阻力中的作用，加深理解肺顺应性和肺泡表面张力之间的关系。

【实验原理】

肺顺应性是指肺在外力作用下克服弹性阻力所引起的肺容量变化，弹性阻力的大小通常用顺应性来表示。弹性阻力小，容易扩张，则顺应性大；弹性阻力大，不易扩张，则顺应性小。可见，顺应性与弹性阻力呈反变关系。而肺顺应性又可用单位跨肺压引起的肺容积变化来表示。因肺容量背景不同，其肺顺应性的特点不同，故以不同跨肺压所引起肺容积变化的关系曲线，即肺顺应性曲线来反映肺顺应性或肺弹性阻力。本次实验在离体肺上进行，模拟分段屏气下测定肺的压力－容积变化，并绘制成曲线。而肺弹性阻力主要来源于肺泡内表面少量液体的表面张力和肺内弹性纤维的弹性回缩力，若分析此两种作用，可向肺内充气或注水，分别测其压力－容积曲线。因为充气时肺泡内存在气－液界面，而注水时不存在此界面，故测出的压力－容积曲线不同。

【实验材料】

(1)实验对象：大鼠。

(2)实验药品与器材：20%氨基甲酸乙酯溶液、0.9%氯化钠溶液(生理盐水)。哺乳类动物手术器械、肺顺应性实验装置、一次性输液器(带调节器)、10 mL 注射器、20 cm 细塑料管、玻璃平皿、滴管、棉线等。

【实验方法与步骤】

1. 气管－肺标本制备

取 250～300 g 体重的大鼠，用过量氨基甲酸乙酯溶液（6 mL/kg)或乙醚麻醉致死，沿前胸正中线切开皮肤，在胸骨剑突下剪开腹壁并向两侧扩大创口，在肋膈角处刺破膈肌使肺萎陷，然后向两侧剪断膈肌与胸壁的联系，再沿萎陷的肺缘剪断两侧胸壁直至锁骨，除去剪下的胸前壁，分离剪断肺底部与膈肌联系的组织。然后在颈部分离气管，在甲状软骨下剪断，向下分离并剪断与之联系的组织，直到气管－肺标本全部从胸腔中游离出来，最后剪掉附着的心脏。在整个手术过程中，所用金属器械不可与肺组织接触，以避免造成肺或气管损伤而发生漏气。标本游离后放在一玻璃平皿内用生理盐水冲去血迹，在气管断缘处插入一 Y 型插管，用棉线结扎牢固，至此完成标本制备。

2. 仪器连接

按照(图 5－33)将肺标本连于肺顺应性测定装置上。

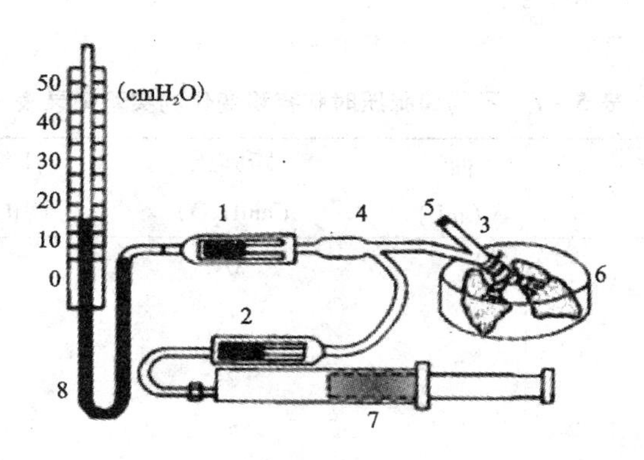

图 5－33　肺顺应性测定实验装置示意图

【观察项目】

1. 向肺内注入空气做压力—容积曲线

肺组织放在盛有少量生理盐水的玻璃平皿内，打开调节器 1、2 及 Y 型插管 3 的活塞

5，将注射器抽入 10 mL 空气后，关闭活塞 5，便可进行实验。通过螺旋推进器向检测系统中缓慢注入空气，在水检压计稳定在 0、4 cm、8 cm，…24 cm 各段水平处，分别记录各压力水平时的注入空气容积。每一压力水平的维持都需要进一步注入少量气体，越是高水平压力，注入空气越多，达到稳定所需时间也越长，一般需要 4 ~6 分钟。在压力达到 2.35 kPa(24 cm H_2O)时开始抽气，按 2.35 kPa(24 cm H_2O)、1.96 kPa(20 cm H_2O)、1.57 kPa(16 cm H_2O)，……，0 kPa(0 cm H_2O)各阶段依次使检压计的压力下降，待压力稳定后记录各水平注射器内的空气容积。每一压力水平也需要进一步抽气而得以稳定，压力越低达到稳定所需时间越长。在整个实验过程中不断向标本上滴洒生理盐水，保持标本湿润。将所得各压力水平的空气容积，减去检压计液柱升高的容积(预先测算好)即是进入肺内气体容积，结果记入表 5 -7 内。

2. 向肺内注入生理盐水做压力 - 容积曲线

首先将测压系统内充满水并排出空气。用针头上连有塑料管的注射器从水检压计开口处伸入并注入清水，待水流至 Y 型插管 4 处关闭调节器 1，并抽出检压计中零点以上的水，使其液面恰在零点处。然后把装置中的注射器充满生理盐水，打开 Y 型插管 3 上的活塞 5，使管道内充满生理盐水并排出气泡，盖上活塞。向肺内注入和抽出生理盐水，重复 3 ~5 次，以冲洗出气管中的分泌物和气泡，打开活塞将冲洗液和气泡由此排出，接着关闭活塞，然后向平皿内倒入生理盐水深达 3 cm 左右，调节平台使平皿中的液面与水检压计零点同高。开放调节器 1 使系统内为 0 kPa，这时关闭调节器 2，再将注射器内充入生理盐水 10 mL，连入系统即可进行实验。与上述实验一样向肺内分阶段注入和抽出生理盐水，将每一压力水平的容积变化记入表 5 -7 内，所不同者是压力变化之阶段以 98.1 kPa(1 cm H_2O)、196.2 kPa(2 cm H_2O)、……、588.6 kPa(6 cm H_2O)柱为宜，其最大容积变化最好接近上述实验的最大容积水平。

表 5 -7 不同跨肺压时肺容积变化的实验记录表

跨肺压 (cmH_2O)	注气 (mL)	抽气 (mL)	跨肺压 (cmH_2O)	注气 (mL)	抽气 (mL)
0			0		
4			1		
8			2		
12			3		
16			4		
20			5		
24			6		

注：1 cmH_2O =98.1 Pa

【注意事项】

(1)制备无损伤的气管－肺标本，是实验成败的关键。因此整个手术过程要非常细心。因肺与周围脂肪组织颜色近似，应特别注意。若不慎造成一侧肺漏气时，可将该侧的支气管结扎，用单侧肺进行实验，但实验时抽、注容量应减半。

(2)须用新鲜标本，整个实验中要保持肺组织的湿润。

(3)实验装置各接头处不可漏气。

(4)抽、注过程必须缓慢，尽可能匀速，使肺内压力均匀变化。因各肺段顺应性不同，注入量不可过大，否则可致肺破裂。

(5)置肺的平皿要大些，以免悬浮着的肺与平皿壁接触而造成实验误差。

【实验结果】

根据表5－7的数据，以检压计内压力(即跨肺压)为横坐标，以各压力水平时的肺容积为纵坐标，做气体压力－肺容积曲线和水压力－肺容积曲线，并将两曲线加以比较，讨论肺顺应性与肺泡表面张力的关系。

【结果分析】

【结论】

【实验体会】

【实验成绩】

【实验指导老师签字】

【实验日期】

【思考题】

(1)注气和抽气实验肺顺应性曲线的差异是怎样造成的?

(2)肺顺应性曲线为何呈"S"型?

(吴起清)

参考文献

[1] 高明灿，季华. 生理学实验教程. 北京：世界图书出版公司，2010
[2] 姚泰. 生理学. 第6版. 北京：人民卫生出版社，2003
[3] 张光主. 医学基础综合实验教程. 北京：人民卫生出版社，2010
[4] 杨铁群，曹银祥. 功能学科实验教程. 上海：复旦大学出版社，2008
[5] 陈季强. 基础医学教程各论(上). 北京：科学出版社，2004
[6] 沈岳良，陈莹莹. 现代生理学实验教程. 第3版. 北京：科学出版社，2006
[7] 胡还忠. 医学机能学实验教程. 第3版. 北京：科学出版社，2010
[8] 姚泰，罗自强. 生理学. 北京：人民卫生出版社，2001
[9] 范少光. 人体生理学. 第2版. 北京：北京医科大学出版社，2003
[10] 贺石林，李俊成，秦晓群. 临床生理学. 北京：科学出版社，2001
[11] 陈元方，Yanada T. 胃肠肽类激素基础与临床. 北京：北京医科大学出版社，1997

图书在版编目（CIP）数据

生理学实训指导／彭丽花主编．--长沙：中南大学出版社，2013.6

ISBN 978-7-5487-0895-7

Ⅰ.生… Ⅱ.彭… Ⅲ.生理学—实验—高等学校—教材
Ⅳ.Q4-33

中国版本图书馆 CIP 数据核字(2013)第 108961 号

生理学实训指导

彭丽花　主编

□责任编辑　李　娴
□责任印制　易红卫
□出版发行　中南大学出版社
社址：长沙市麓山南路　　邮编：410083
发行科电话：0731-88876770　　传真：0731-8710482
□印　　装　长沙印通印刷有限公司

□开　　本　787×1092　1/16　□印张 11　□字数 267 千字
□版　　次　2013 年 8 月第 1 版　□2017 年 7 月第 6 次印刷
□书　　号　ISBN 978-7-5487-0895-7
□定　　价　25.00 元